KB067865

멜랑콜리 치료의 역사

멜랑콜리 치료의 역사

발행일 2023년 3월 24일 초판 1쇄
지은이 장 스타로뱅스키
옮긴이 김영욱
기획 박승만·안승훈
편집 최은지·김보미
디자인 남수빈
제작 영신사

펴낸곳 읻다
등록 제300-2015-43호 2015년 3월 11일
주소 (04035) 서울시 마포구 양화로11길 64 401호
전화 02-6494-2001
팩스 0303-3442-0305
홈페이지 itta.co.kr
이메일 itta@itta.co.kr

ISBN 979-11-89433-17-8 94400
ISBN 979-11-89433-21-5 (세트)

책값은 뒤표지에 있습니다.
잘못된 책은 구입하신 서점에서 바꿔 드립니다.

멜랑콜리 치료의 역사

장 스타로뱅스키 지음 · 김영욱 옮김

일러두기

1. 원주는 각주에, 옮긴이 주는 후주에 둔다.
2. 본문이나 주석에 처음 출현한 문헌명은 원어를 병기한다. 이때 원주의 출처 표기가 아니라면, 프랑스어 제목이 아니라 텍스트의 본래 제목을 소개한다.
3. 간소한 형태를 위해 원주의 출처 표기에서 저자, 제목, 권수, 연도, 쪽수를 제외한 정보는 삭제하고, 두 번째 출현부터는 저자와 제목만 한글로 표기한다. 자세한 서지 사항은 참고문헌 목록을 보라.
4. 인명은 원주와 옮긴이 주 각각에서 처음 출현할 때 원어를 병기한다. 필요에 따라 옮긴이 주에서 라틴어(lat.), 프랑스어(fr.) 표기를 함께 제공한다.
5. 저자가 프랑스어가 아닌 언어로 표기한 경우 원어를 병기한다.
6. 미묘한 언어유희나 개념적 함축이 개입하는 경우 환기를 위해 병기한다.
7. 더 정밀한 독서에 필요한 원어는 옮긴이 주에서 소개한다.

2012년 서언[1]

장 스타로뱅스키의 작업은 영구 운동 중이다.

드러내기 위해 해체하는 해부처럼, 이 책은 다양한 글쓰기의 층을 지우지 않는다. 이렇게 우리는 "백과사전적 소설" 안에서, 독서에서 글쓰기로, 율독律讀에서 반향으로, 독서와 글쓰기를, 율독과 반향을 겸비하면서, 나아간다. 이때 독자는 언제까지나 고안 중인 지식에 사로잡힌다.

반세기 이상 동안 작성되어 이 책을 이루게 된 텍스트들은 어떤 동일한 주제를 다루는 연구의 옛 변이들을 복원한다. 그 후로 이와 연결된 여러 연구가 전개되었다. 장 스타로뱅스키의 작업 전체를 배양한 그 주제가 바로 '멜랑콜리의 잉크'다.

모리스 올랑데

2012년 서문

로잔[2] 인근의 대학 부속병원인 셰리 정신병원[3]에서 인턴 기간(1957-1958)이 끝날 무렵, 나는 멜랑콜리와 멜랑콜리 치료의 긴 역사를 살펴보는 일이 시의적절할 것이라고 생각했다. 새로운 약물요법의 시대가 막 열린 참이었다. 이 글이 상정하는 독자는 의사이고, 따라서 목적은 의사가 자신의 활동이 기입된 그 긴 시간을 고려하도록 자극하는 것이었다.

제네바대학에서 고전문학 학사 학위를 취득한 후, 나는 1942년부터 의학 학위를 위해 공부하기 시작했다. 그렇지만 나는 제네바대학 문과대에서 프랑스문학 조교를 맡으면서 항상 문학과 관계를 유지했다. 내가 청진, 타진, X선 촬영을 배우는 동안, (몽테뉴, 라로슈푸코[4], 루소, 스탕달 등) 가면의 적[5]에 대한 박사논문 기획이 윤곽을 드러냈다. 나는 1948년 의학 공부를 마쳤고, 이후 5년간 주립 제네바대학 병원에서 임상의학 인턴으로 일했다.

의학과 문학에 걸친 이중 활동은 1953년에서 1956년까지 볼티모어의 존스홉킨스대학에서 계속되었다. 이번에는 (몽테뉴, 코르네유[6], 라신[7] 등) 프랑스문학 강의가 주된 일이었지만, 그렇다고 해서 존스홉킨스 병원의 전체 회진과 임상병리학 대진對診[8]에 정기적으로 참석하는 것이 작은 일은 아니었다. 나는 알렉상드르 코이레[9], 루트비히 에델슈타인, 아우세이 쳄킨이 강의하던 의학사연구소의 자원을 이용할 수 있었다. 모리스 메를로퐁티[10]에게 큰 영향을 끼친 신경학자 쿠르트 골트슈타인[11]과 여러 번 만날 기회를 가지기도 했다. "인문학Humanities"[12] 단과대에서는 조르주 풀레[13], 레오 슈피처[14]와 일상적으로 교류했다.

볼티모어 체류가 낳은 프랑스문학 박사논문이 제네바대학에서 발표된 《장 자크 루소: 투명성과 장애물*Jean-Jacques Rousseau : la transparence et l'obstacle*》(플롱, 1957, 후에 갈리마르, 1970)[15]이다. 몽테뉴 연구 초안의 완전한 형태(《운동하는 몽테뉴*Montaigne en mouvement*》, 갈리마르, 1982)는 더 늦게 출판되었다.

나는 젊은 시절의 단계를 말함으로써 한 가지 오해를 해소하고자 한다. 종종 나는 환속하여 비평과 문학사로 떠난 의사로 취급된다. 사실 내 작업은 뒤섞여 있다. 1958년 제네바에서 맡게 된 관념사 강의에서 나는 문학사, 철학사, 의학사와 연관된 주제를, 의학사 중에서 특히 정신병리학사와 연관된 여러 주제를 쉬지 않고 탐구했다.

멜랑콜리의 역사에 대한 관심에서 나의 첫 번째 서술적 분석이 나왔다. 이 분석은 1900년이라는 숙명적 날짜에서 미결 상태로 남아 있는 한 편의 이야기다.

나는 오랫동안 "슬며시 유통된circulé sous le manteau" 첫 번째 연구를 공개하면서 본 선집을 시작하기로 결정했다.[16] 이 연구는 1960년 가이기 연구소[17]가 바젤에서 출간한 《정신신체론 문집*Acta psychosomatica*》의 일환으로 비매품으로 인쇄되었다. 이것이 로잔대학 의과대학에서 1959년 발표한 박사논문 《멜랑콜리 치료의 역사*Histoire du traitement de la mélancolie*》다.

처음 기획부터 내 작업은 1900년 이후 등장하거나 체계화된 우울증후군 치료의 혁신은 다루지 않기로 되어 있었다. 가이기 연구소 담당자들은 (투르가우[18]의) 주립 뮌스터링엔 정신병원[19] 수석 의사인 롤란트 쿤[20](1912-2005)이 나에 이어 20세기를 맡기를 바랐다. 임상의로서 그의 경험은 나를 아득히 넘어서 있었다. 멜랑콜리 우울증의 약물요법 역사에서 신기원을 이룬 삼환계 물질[21], 이미프라민[22](토프라닐[23])의 약리학적 속성을 처음으로 조사한 사람이 바로 그다. 나는 이 기획이 완수되지 못한 까닭을 알지 못한다. 롤란트 쿤은 약리학의 혁신에 큰 관심을 쏟으면서도 정신질환에 대한 철학적이고 "실존적인" 접근을 포기하지 않았다. 루트비히 빈스방거[24]와 그의 '현존재분석Daseinsanalyse'[25]에 영향받고, 후에는 앙리 말디네[26]와 가까웠던 그는 정신의학 실천에서 체험된 경험의 내용이 간과되지 않기를 원했다. 내 작업 하나는 롤란트 쿤의 연구에 대한 나의 관심을 확인한다. 《비평*Critique*》[27](135-136호, 1958)에 우선 발표되고, 후에 《비평적 관계*La Relation critique*》[28]에 〈투사적 상상력 L'imagination projective〉이라는 이름으로 재수록된 기사가 그것이다. 이 기사는 특히 가스통 바슐라르의 서문과 함께 1957년 출간된 쿤의 저작 《로르샤흐 검사를 통한 가면의 현상학*Phénoménologie du masque à travers le test de Rorschach*》[29]을 다룬다.•

나는 1958년 모든 의학 활동을 그만두었다. 따라서 나는 최근 항우울요법의 결과를 더는 직접 보고 판단할 수 없게 되었다. 그럼에도 불구하고 제네바대학에서 내 강의 일부는 계속해서 의학사와 관련된 주제를 다루었다.

반세기 이상 내 글의 방향은 멜랑콜리와 연관된 여러 주제나 동기에 의해 결정되었다. 1960년 태어난 이 책은 모리스 올랑데[30]와의 우정 어린 작업 속에서 현재 형태를 갖추었고, 그 덕분에 멜랑콜리에 대한 즐거운 지식에 가까워질 수 있었다.

장 스타로뱅스키, 제네바, 2012년 5월.

이 선집의 구성에 많은 것을 기여한 페르난도 비달에게 감사한다.[31]

• 갈리마르, 개정판, 2008, 274-292쪽; 데슬레 드 브루에Desclée de Brouwer, 1957(자클린 베르도Jacqueline Verdeaux 프랑스어 역).

서문•

멜랑콜리 치료의 역사를 돌아보려면 병 자체의 역사를 따져봐야 한다. 치료법이 시대마다 상이할 뿐 아니라, 멜랑콜리 혹은 우울증이라는 이름으로 지시하는 상태들이 동일하지 않기 때문이다. 이때 역사가는 이중의 변수와 마주한다. 아무리 조심해도 몇몇 혼동을 피할 수 없다. 오늘날 친숙한 질병분류학의 범주들을 과거에서 가려내기란 거의 불가능하다. 고대 저서의 환자 이야기를 보면 이따금 회고적 진단을 시도하고 싶다. 하지만 그럴 때마다 부족한 것이 있기 마련인데, 무엇보다 환자의 현존이 그렇다. 살과 뼈를 지닌 환자를 마주하고도 그토록 망설이기 일쑤인 우리 정신의학의 전문용어가 이야기나 일화를 상대할 때 더 확실하다고 자부할 수 없다. 19세기까지 의사 대부분은 정신의학의 삽화들로 만족했지만, 이 삽화들은 재미는 있어도 충분하지 않다.

에스키롤[32]은 광기가 "문명의 병"이라고 즐겨 말했다. 실제로 인간의 병이 자연적이기만 한 것은 아니다. 환자는 병을 겪지만, 또한 병을 구성하거나 주변으로부터 수용한다. 의사는 병을 생물학적 현상으로 관찰하지만 병을 분리해 명명하고 분류하면서 그것을 관념적인 것으로 만든다. 그는 병을 통해 과학이라는 집단적 여정의 특정 계기를 표현한다. 의사의 측면에서나 환자의 측면에서나 병은 문화적 사실이며, 문화적 조건과 함께 변화한다.

'멜랑콜리'라는 단어가 기원전 5세기 의학의 언어를 통해 보존된 후 끈질기게 존속한다는 사실은 언어의 항상성에 대한 취향을 확인해 줄 뿐이다. 우

• 1960년 박사논문을 수정이나 증보 없이 각주와 참고문헌까지 원본 그대로 출판한다. 이 주제에 대한 참고문헌은 반세기가 넘는 시간 동안 크게 늘어났다.

리는 동일한 말을 사용하여 다양한 현상을 지시한다. 이 어휘론적 고집이 단순한 관성은 아니다. 완전히 변모하면서도, 의학은 수 세기에 걸친 전개의 통일성을 확인하려 한다. 하지만 단어의 유사함에 속아서는 안 된다. '멜랑콜리'는 계속 사용되지만 지시되는 사실은 굉장히 다양하다. 고대인들은 고질적 공포와 비애가 확인되면 그 즉시 확실한 진단을 내릴 수 있었다. 근대과학의 눈으로 보면 이런 식으로 고대인들은 내인성[33] 우울증, 반응성[34] 우울증, 조현병, 불안신경증, 편집증 등을 혼동하고 있었다. 이 원시적 집적물로부터 더 변별적인 임상 단위가 차차 추출되고, 매우 모순적인 설명 가설이 잇따라 나타난다. 따라서 시대에 따라 멜랑콜리 치료용으로 제안되는 여러 약은 동일한 병에 대한 것도, 동일한 원인에 대한 것도 아니다. 어떤 것은 체액이상[35]을 바로잡을 작정이고, 어떤 것은 신경의 긴장과 이완을 특정 상태로부터 변경하는 것을 목표로 하며, 또 어떤 것은 환자를 강박관념에서 벗어나게 하려고 사용된다. 분명한 것은 앞으로 살펴볼 여러 유형의 치료가 오늘날 서로 동떨어진 것으로 판단되는 임상 상태와 증상 들을 다룬다는 사실이다.

18세기까지 거의 모든 정신병리는 흑담액 가설과 연관시킬 수 있었다. 멜랑콜리 진단에서 흑담액이 병의 근원이라는 사실이 확고히 전제되었다. 부패한 체액humeur이 책임자였다. 병이 복잡하게 발현해도 그 원인은 꽤 단순했다. 상상에 근거한 이 순진한 확신은 반박되었다. 이제 우리는 오만하게 정신물리학[36]적 관계의 본성과 기제를 과감히 단언하지 않는다. 19세기 정신의학은 모든 우울증에 전신마비처럼 병리학적 기질을 부여할 수 없어서 우울증의 증상적 혹은 "현상학적phénoménologique"[37] 질병 단위를 분리하려고 애썼다. 우울증의 근대적 관념은 고대인의 멜랑콜리와 비교해 더 정밀해지면서 훨씬 축소된 영역을 건사한다. 우리는 과학 정신 이전의 특징이라 할 입증할 수 없는 병인학을 포기한 대신, 엄격하게 기술하는 방법을 채택했고 진정한 원인은 알 수 없는 것임을 용감하게 인정했다. 유사 특이요법[38], 유사 원인요법[39]은 전적으로 대증적임을 자인하는 더 겸손한 치료에 자리를 넘겨주었다. 적어도 이 겸손이 연구와 창안에 넓은 길을 터준다.

고대의 권위자들

PHILO
SOPHIA
LATINORVM POETAE ET RHETORES
Cicero
Virgilius
Quicquid habet Cœlum quid Terra quid Aer & aequor
Quicquid in humanis rebus & esse potest
Et deus in toto quicquid facit igneus orbe

알브레히트 뒤러Albrecht Dürer, 〈철학Philosophia〉(1502년), 뉴욕 메트로폴리탄미술관 소장.

호메로스

인간 조건에 결부된 많은 고통스러운 상태와 마찬가지로 멜랑콜리는 오랫동안 체험되고 기술된 후에야 이름과 의학적 설명을 얻었다. 모든 이미지와 관념의 시작인 호메로스[40]는 시 석 줄로 멜랑콜리의 비참을 파악케 한다. 《일리아스*Ilias*》 10편(200-203행)에서 설명할 수 없는 신들의 분노를 겪는 벨레로폰[41] 이야기를 다시 펼쳐보자.

> 신들의 증오의 대상이 되어,
> 그는 홀로 알레이온 평야를 떠돌았으니,
> 고뇌에 삼켜진 마음으로, 인간의 발자국을 피했다.

고뇌, 고독, 모든 인간적 접촉의 거부, 떠도는 존재. 이 재앙에는 이유가 없다. 왜냐하면 벨레로폰은 용감하고 정의로운 영웅으로서 신들에게 어떤 죄도 범하지 않았기 때문이다.•[42] 실상은 정반대다. 그에게 닥친 불행들, 첫 번째 추방은 그의 미덕에 기인한다. 그가 모든 시련을 겪어야 했던 것은 여왕이 자신의 범죄적 수작이 거부되자 원한에 사로잡혀 박해자로 변모했기 때문이다. 벨레로폰은 이어지는 과업에 용맹하게 계속 대처하여, 키마이라를 무찌르고

• 적어도 호메로스 판본을 따르자면 그렇다. 하지만 핀다로스, 오비디우스, 플루타르코스에 의하면 벨레로폰은 자신을 불사로 믿고 페가수스를 타고 올림포스에 오르려 한 터무니없는 짓으로 신들의 노여움을 샀다.

매복을 분쇄하고 땅과 부인과 안식을 쟁취했다. 그런데 모든 것이 허락된 순간 그는 무너진다. 싸우느라 생명의 에너지를 소진한 것인가? 새로운 적수가 나타나지 않자 격앙을 자신에게 돌린 것인가? 이런 심리학은 호메로스에게서 찾기 어려우니 포기하자. 차라리 신들이 명령한 추방의 매우 강렬한 이미지를 주목하자. 신들은 벨레로폰 박해를 만장일치로 승인한다. 영웅은 인간의 박해에 저항하는 법은 그토록 잘 알아도 신들의 증오와 맞서야 할 때는 무력하다. 올림포스 신들의 전적인 적대에서 헤어나지 못하는 자는 인간과의 만남에 대한 취향을 영영 되찾지 못한다. 다음을 고려해야 한다. 호메로스 세계의 운행원리는 인간이 다른 인간과 소통하고 바른길을 가려면 반드시 신의 보증이 필요하다는 것이다.•[43] 신들 전부가 이 은혜를 거부하면 인간에게는 고독, ('자가포식自家捕食'[44]의 한 형태인) "뜯어먹는" 고뇌, 불안 속 정처 없는 방황이 선고된다. 벨레로폰의 우울증은 상위의 힘으로부터 버려진 인간의 심리적 측면일 뿐이다. 신들이 그를 버렸으니 그에게는 다른 인간 곁에 머물기 위해 필요한 어떤 수단도, 어떤 용기도 없다. 저 높은 곳에서 그에게 내린 신비한 분노가 그를 인간이 낸 길에서 이탈시키고, 모든 목적지와 모든 방향 밖으로 밀어낸다. 이것이 광기, '마니아mania'[45]인가? 아니다. 망상과 '마니아' 안에 있는 인간은 초자연적 힘에 의해 교사되거나 사로잡힌다. 그는 그 힘의 현존을 겪는다. 하지만 벨레로폰에게는 모든 것이 멀어짐, 부재다. 그는 공허를, 신들에게서 먼 곳을, 인간들에게서 외딴 곳을, 무한한 사막을 떠도는 것처럼 보인다.

멜랑콜리에 빠진 자가 "검은" 고뇌에서 벗어나려면 신의 호의가 돌아오기를 기다리거나 그것을 얻어내는 것 외에 다른 길이 없다. 신성이 그에게서 박탈한 은혜를 돌려주고 난 후에야 그는 사람들에게 말을 건넬 수 있다. 버림받은 상태가 중단되어야 한다. 그런데 신들의 의지는 얼마나 변덕스러운지…….

• 호메로스에서 인간과 신의 관계에 대해서는 다음 저작을 보라. 르네 쉐레René Schaerer, 《호메로스에서 소크라테스까지 고대인과 내적 세계의 구조*L'Homme antique et la structure du monde intérieur d'Homère à Socrate*》, 1958.

하지만 호메로스는 또한 약, '파르마콘pharmakon'[46]의 힘을 환기한 첫 번째 사람이다. 이집트 약초의 혼합물이자 여왕의 비밀인 '네펜데스népenthès'[47]는 괴로움을 잠재우고 문제가 되는 담액의 해를 저지한다. 이 망각의 음료를 나누어 주는 특권을 가진 자가 헬레네[48]라는 것은 정당하다. 남성이라면 누구나 그녀를 향한 사랑을 위해 모든 것을 망각할 준비가 되어 있기 때문이다. 이 음료는 회한을 누그러뜨릴 것이고, 잠시 동안 눈물을 마르게 할 것이며, 체념하고 신들의 예측할 수 없는 판결을 수락하도록 이끌 것이다. 이 경이로운 수단이 기발한 영웅과 그의 천 가지 방편의 시편인《오디세이아*Odysseia*》(4편, 219행 이하)에 등장하는 것을 보라. 인간은 네펜데스를 사용하여 거센 운명과 파란 많은 팔자에 수반되는 고통을 진정시킨다.

따라서 호메로스는 멜랑콜리의 신화적 이미지, 즉 인간의 불행은 신들의 은혜를 상실한 결과라는 것을 보여주면서, 또한 신의 개입에 어떤 것도 빚지지 않은 채 약으로 고뇌를 진정시키는 모델을 제안한다. (몇몇 제례에 둘러싸여 있긴 해도) 온전히 인간적인 기법으로 식물을 골라 독성과 효능을 동시에 지닌 성분을 짜내고 혼합하고 여과한다. 음료를 베풀어 줄 아름다운 손이 그 자체로도 마력을 가진 약제의 효과를 조금이라도 증가시킬 것이 확실하다. 벨레로폰의 고뇌는 신들의 의회에서 유래한 것이지만, 그래도 헬레네의 수납장에는 약이 들어 있다.

히포크라테스 저작

"공포와 비애가 오래 지속되면 그것이 멜랑콜리 상태다."•[49] 따라서 이때 '흑담액', 즉 "멜랑콜리"의 글자 그대로의 의미가 지시하는 진하고 어두운 부식성 물

• 히포크라테스Hippocrate,《경구집*Aphorismes*》, VI, 23, in《히포크라테스 전집*Œuvres complètes d'Hippocrate*》, 4권, 1839-1861, 569쪽.

질이 나타난다. 흑담액은 '혈액', '황담액', '점액'과 함께 몸의 자연적 체액을 구성한다. 흑담액은 다른 체액과 마찬가지로 넘칠 수 있고, 자연적 소재지 밖으로 이동할 수 있으며, 들끓을 수 있고, 부패할 수 있다. 이로 인해 뇌전증, 격앙성 광기(조증), 비애, 피부질환 등 여러 병이 생긴다. 오늘날 우리가 멜랑콜리라 부르는 상태는, 흑담액의 과잉이나 질적 손상이 체액들의 '이소노미아 isonomia'[50](다시 말해 조화로운 균형)를 해칠 때 병인으로서 흑담액의 힘이 발현된 여러 사태 중 하나이다.•[51]

그리스 의사들은 검은색 구토와 변을 관찰하면서 나머지 세 체액만큼 근본적인 또 다른 체액을 맞닥뜨렸다고 생각한 것 같다. 비장의 짙은 색깔이 간편한 연상을 일으켜 그들은 이 기관이 흑담액의 자연적 소재지라고 가정하게 된다.••[52] 게다가 네 가지 체액, 네 가지 성질(건기, 습기, 열기, 냉기), 네 가지 원소(물, 공기, 흙, 불) 사이의 대응을 설정할 수 있다는 것이 지성적으로 만족스러웠다. 여기에 삶의 네 시기, 사계절, 각기 다른 네 가지 바람이 불어오는 공간상의 네 방향이 더해져 대칭 세계를 구성한다. 멜랑콜리는 유비에 의해 (건조하고 차가운) 흙에, 초로기에, 그리고 흑담액이 가장 큰 힘을 행사하는 위험한 계절인 가을에 연관된다. 이렇게 하나의 일관된 코스모스가 구성된다. 이 코스모스의 근본적 4분할은 인간의 몸에서도 발견되며, 코스모스의 시간은 네 거점을 오가는 규칙적 여정일 뿐이다.

정확한 비율에 맞춰져 있다면 "멜랑콜리"는 건강한 상태를 이루는 '체액 혼합crase'[53]의 필수 성분 중 하나다. 이 흑담액 성분이 우세하게 되면 즉시 균형이 무너져 병이 생긴다. 다시 말해 멜랑콜리는 건강을 구성하는 네 요소 사

• 체액 문제를 다루는 문헌은 풍부하다. 이 논의와 관련해서는 뮈리의 논문이 잘 요약하고 있다. 발터 뮈리Walter Müri, 〈멜랑콜리와 흑담액Melancholie und schwarze Galle〉, 《무세움 헬베티쿰*Museum helveticum*》, 10, 21, 1953. 또한 드랩킨의 뛰어난 포괄적 연구를 보라. 이즈리얼 에드워드 드랩킨Israel Edward Drabkin, 〈고대 정신병리학에 대한 고찰Remarks on ancient psychopathology〉, 《이시스*Isis*》, 46, 223, 1955.

•• 앙리 에르네스트 지거리스트Henry Ernest Sigerist, 《의학 입문*Introduction à la médecine*》, 1932, 120-129쪽.

이의 부조화에서 유래한다.

4체액 체계를 확인할 수 있는 유일한 문헌은 《인간의 본성*Peri physios anthrōpou*》에 대한 논설인데[54] 이 문헌은 전통적으로 히포크라테스의 사위 폴리보스[55]의 것으로 간주된다. 《옛날 의학*Peri archaiēs iētrikēs*》과 같은 다른 논설들은 각자 특수한 속성을 가진 체액이 훨씬 많이 존재한다고 본다. 혈액, 점액, 황담액과 함께 네 번째 상대로 "흑담액"을 채택한 것에는 아마도 학문적 사변이 중요한 역할을 한 것 같다. 민간의 일부 비합리적 믿음이 개입했다는 것도 확실하다. 이러한 의학 이론이 형성되기 전인 기원전 5세기 말 아티케[56]에서도 흑담액의 정신적 폐해를 믿고 있었다.• 소포클레스[57]는 헤라클레스가 레르나의 히드라로부터 거둔 피를 화살촉에 묻힐 때 이 피가 내뿜는 치명적 독성을 지시하기 위해 형용사 "melancholos"를 사용한다.•• 켄타우로스 네소스는 이 화살에 맞아 죽을 것이고, 히드라의 독성은 두 번째 희석을 통해 다시 희생자에게 전달될 것이다. 그러니까 데이아네이라가 거둔 네소스의 피가 그 유명한 튜닉을 물들이게 되고, 그리하여 이 피와 접촉한 헤라클레스는 견딜 수 없는 열기를 느끼며 영웅적 자살을 감행할 것이다. 여기에서 우리는 '실체적 상상력'•••[58]의 좋은 예를 만난다. 멜랑콜리의 독은 컴컴한 불이며, 미소량씩 작용하고 미량의 농축만으로 위험하다. 그 독은 검은색의 불길한 힘과 담액의 부식성이 서로를 보강하는 이중 복합물이다. 검정은 불길하다. 검정은 밤, 죽음과 결탁한다. 담액은 쓰리고 자극적이고 아프다. 몇몇 히포크라테스 문헌에서 쉽게 확인할 수 있는 것은 흑담액이 농축의 산물로, 다른 체액 특히 황담액의 수분이 증발하고 남은 찌꺼기로 상상된다는 사실이다. 흑담액에는 농축된 물질

• 뮈리, 〈멜랑콜리와 흑담액〉.

•• 소포클레스Sophocle, 《트라키스의 여인들*Les Trachiniennes*》, 573행.

••• 우리는 이 용어를 가스통 바슐라르에게서 차용한다. (가스통 바슐라르Gaston Bachelard, 《과학정신의 형성. 객관적 인식의 정신분석을 위한 기여*La Formation de l'esprit scientifique. Contribution à une psychanalyse de la connaissance objective*》, 1938: 6장 〈실체론적 장애물L'obstacle substantialiste〉.)

의 가공할 마력이 결합되어 있다. 농축된 물질은 아주 작은 부피 안에 활동성, 공격성, 부식성의 힘을 최대로 결집한다. 시간이 흐른 후 갈레노스[59]는 흑담액에 기묘한 활력을 부여할 것이다. 그리하여 흑담액은 "흙을 삭게 하고, 침식시키며, 부풀고 들끓을 때는 포타주의 끓어오르는 기포 비슷한 것을 일으킨다".• 요행히 건강한 유기체에서는 다른 체액들이 개입해 이런 폭력을 희석시키고 저지하고 진정시킨다. 잘 배합된 혼합에서라면 그 유해함도 완화되고 진정된다. 하지만 흑담액 과잉분이 조금이라도 발생하지 않도록 조심해야 한다! 또 그것이 조금이라도 가열되는 것을 경계해야 한다. 아주 약간만으로 균형 전체를 뒤집어 놓을 것이다. 흑담액은 모든 체액 중에서 가장 빠르고 위험하게 변한다. 한 아리스토텔레스 문헌은 흑담액이 철과 같은 극도의 차가움에서 가장 격렬한 뜨거움으로 옮겨갈 수 있다고 말할 것이다. 그러면 이성까지 위험에 처한다.••[60]

고대인들에게 비애와 공포는 멜랑콜리 질환의 기본 증후다. 하지만 흑담액의 사소한 위치 차이만으로 증후학적으로는 꽤 커다란 변화가 일어난다.

> 멜랑콜리 환자는 보통 뇌전증 환자가 되고, 뇌전증 환자는 멜랑콜리 환자가 된다. 병이 취하는 방향에 따라 두 상태 중 하나가 결정된다. 병이 신체에 부과되면 뇌전증이고, 지성에 부과되면 멜랑콜리다.•••

여기에는 한 가지 모호함이 있다. "멜랑콜리"라는 단어가 자연적 체액을 지시할 때는 병을 일으키지 않는다. 그런데 이 체액이 특히 "지성"과 관련될

• 갈레노스Galien, 《병든 부위*Des lieux affectés*》, III, IX, in 《갈레노스 저작집*Œuvres de Galien*》, 2권, 1854-1856.

•• 아리스토텔레스Aristotle, 《문제집*Problemata*》, XXX, 1. 16세기가 되면 흑담액은 또한 잉크와 비교될 것이다. 캄파넬라는 '이 잉크Quell'inchiostro'라고 말할 것이다. (톰마소 캄파넬라Tommaso Campanella, 《사물과 마법의 감각*Del senso delle cose e della magia*》, 1925, 193쪽.)

••• 히포크라테스, 《전염병*Épidémies*》, VIII, 31, in 《히포크라테스 전집》, 5권, 355쪽.

때는 같은 단어가 체액의 과잉이나 변질로 발병한 정신질환을 지시한다. 하지만 이런 장애에는 특권이 수여된다. 멜랑콜리는 정신의 우월함을 획득하고, 영웅적 자질, 시나 철학의 능력을 겸비한다. 아리스토텔레스의《문제집*Problēmata*》에서 볼 수 있는 이런 주장은 서구 문화에 상당한 영향을 행사할 것이다.

고대의 용어를 근대의 관념 위로 이전하며 겪는 어려움에도 불구하고 부정할 수 없는 것이 있다. 그것은 히포크라테스 저작에서 (우울증, 환각, 조증 상태, 경련성 발작 등) 신경정신의학적 증상의 원인이 매우 분명하게 신체와 체액에 있다는 사실이다. 즉 체액의 과잉이나 부패, 가열이나 냉각, 트여 있어야 하는 관의 협착이나 폐쇄가 원인으로 주어진다. 모든 원인은 물질에 있다.•[61] 따라서 치료법의 처분도 같은 차원에 있게 될 것이다. 즉 치료법은 체액을 배출하고, 체액을 몸의 한 부위에서 다른 부위로 끌어오고, 적절한 온도의 목욕으로 냉각 혹은 가열하고, 섭식을 교정하는 것 따위다.

체액의 불균형을 유발하는 원인 중 섭식과 운동은 둘 다 주변 풍토와 공기에 비견되는 중요한 역할을 맡는다. 그런데 삶의 방식을 마음대로 운용할 수단을 가진 자유인에 한해서 섭식, 운동, 목욕, 수면은 주체의 개인적 결단에 달려 있다. 일상적 삶의 리듬에서 일탈과 무절제는 대가를 요구한다. 무지해서든 부주의해서든, 탐식 때문이든 활동 부족 때문이든, 우리는 자신을 멜랑콜리에 빠트릴 수 있다. 본질적으로 치료는 적절한 규율로 회귀하는 것에, 임시로 약의 도움을 받으며 섭식을 바로잡는 것에 있다. 따라서 병의 직접 원인이 오로지 신체적 기제의 차원에서 해석됨에도 불구하고, 간접 원인은 많은 경우 주체의 행동에 있으며 치료 절차는 흔히 매우 고집스럽게 환자의 의지와 이성적 과난에 호소한다. 모든 조치의 목적은 전적으로 유기체의 양적인 균형을 복구하는 것이기에, 환자는 가르침을 받아들여야 하며, 수적 비율을 위해 도덕적

• 히포크라테스,《신성한 질병*Sur la maladie sacrée*》, in《히포크라테스 전집》, 6권, 352-396쪽. 뇌전증의 역사에 대해서는 템킨의 필수적인 저작을 보라. 오우세이 템킨Owsei Temkin,《뇌전증*The Falling Sickness*》, 1945.

으로 필요한 것을 식별하는 법을 배워야 한다. 그에게는 일상 행위를 더 잘 규제하기 위한 노력이 요청된다. 환자의 이성이 그가 저지른 잘못을 규탄할 것이고, 환자는 음식을 더 잘 고르는 법을, 휴식과 활동의 시간을 더 잘 분배하는 법을 배우게 될 것이다. 베르너 예거•[62]가 잘 보여주었듯이 그리스 의학은 '파이데이아paideia'[63], 즉 인간이 이성의 요구에 따라 자신의 몸을 스스로 치료하는 법을 배우는 교육이다. 이렇게 진정한 정신요법[64]이 온전히 신체적인 원인을 대상으로 하는 치료와 결합한다.

하지만 이런 종류의 치료에는 환자가 충분히 이성적이어서 의사와 대화하고 그의 가르침을 따를 것이 전제되어 있다. 환자가 더 이상 이성을 사용하지 못하면 어떻게 될까? 그때는 물리적이고 약학적인 수단이 우선시된다. 다량의 배출을 일으키고, 나아가 약제로 환자에게 충분히 강한 충격을 가해 병을 공격한다. 히포크라테스의 치료법 하나를 살펴보자.

> 근심은 곤란한 병이다. 가시가 장기 안에서 환자를 찌르고 있는 것처럼 보인다. 불안이 그를 고통스럽게 한다. 그는 빛과 사람들을 피하고 어둠을 좋아한다. 그는 공포에 사로잡힌다. 횡격막이 밖으로 튀어나온다. 누가 건드리기만 해도 고통을 느낀다. 그는 겁에 질려 있다. 무서운 환각을 보고 끔찍한 꿈을 꾼다. 때로 그는 죽은 자들을 본다. 봄에 발병하는 것이 보통이다. 이런 환자에게는 헬레보루스[65]를 마시고 머리를 비우게 하라. 그렇게 머리를 정화한 후 밑으로 배출하게 하는 약을 주어라. 그러고 나서 암탕나귀 젖을 처방하라. 환자가 허약한 경우가 아니라면 음식은 조금만 섭취한다. 음식은 차갑고 긴장을 풀어주는 것이어야 하며, 자극적이고 짜고 기름기 있고 단 어떤 것도 들어 있어서는 안 된다. 그가 더운물로 씻지 않도록 하라. 술을 마시지 않도록 하라. 그는 물로 만족하든지, 그렇지 않으면 물을 탄 술을 마셔야 한다. 운동도 산책도 삼간다. 이런 수단

• 베르너 예거Werner Jaeger, 《파이데이아*Paideia*》, 1954. (Cf. 2권, 3부 《파이데이아로서 그리스 의학*Die griechische Medizin als Paideia*》, 11-58쪽.)

을 쓰면 병은 차차 호전되겠지만, 치료하지 않으면 결국 목숨을 뺏긴다.•

비록 저자가 명시적으로 흑담액을 고발하는 것은 아니지만, 우리는 그가 배출시키려고 애쓰는 것이 바로 이 물질이라는 것을 안다. 왜냐하면 처방된 헬레보루스가 수 세기 동안 흑담액, 즉 광기 특효제로 쓰일 것이기 때문이다. 헬레보루스는 이름만으로 전통적 용도를 알려주는 약형藥型[66]이 된다. 17세기의 어떤 독자도 산토끼가 등장하여 거북이를 비웃는 라퐁텐[67]의 다음 시구를 이해하느라 주석을 필요로 하지 않을 것이다.••

아주머니, 좀 비우셔야 합니다,
헬레보루스 4그레인[68]이면 됩니다.

심지어 헬레보루스가 더 이상 사용되지 않게 되어도 의학 논설과 사전들이 이 약을 계속 말함으로써 학술적 생존을 보장한다. 19세기 초 의학 백과사전들에서 헬레보루스는 여전히 중요한 자리를 차지한다. (피넬•••[69], 펠르탕••••[70] 등) 대다수 저자가 이 요법을 완전히 기각해야 하는 이유를 제시하는 반면, 카즈나브•••••[71]와 같은 일부 저자는 시류에 호응하는 정당화를 시도하면서 "역자극론逆刺戟論"[72]을 내세운다.

고대인들이 흑담액을 배출하기 위해 사용한 헬레보루스는 '헬레보루스

• 히포크라테스, 《질병*Des maladies*》, II, in 《히포크라테스 전집》, 7권, 109쪽.

•• 장 드 라퐁텐Jean de La Fontaine, 《우화집*Fables*》, 6권: 10장 《산토끼와 거북이*Le Lièvre et la Tortue*》.

••• 필리프 피넬Philippe Pinel, 〈헬레보루스Ellébore〉 항목, in 《체계적 백과사전*Encyclopédie méthodique*》, 1792.

•••• 피에르 펠르탕Pierre Pelletan, 〈헬레보루스Ellébore〉 항목, in 《의학사전*Dictionnaire des sciences médicales*》, 11권(1815), 1812-1822.

••••• 피에르 루이 알페 카즈나브Pierre Louis Alphée Cazenave, 〈헬레보루스Hellébore〉 항목, in 《의학사전*Dictionnaire de médecine*》, 15권, 1832-1846.

니게르Helleborus niger'나 때로는 독성이 덜한 '헬레보루스 비리디스Helleborus viridis'의 뿌리를 농축하거나 달인 것이었다.[73] 우리는 강심제의 효력을 지닌 이 미나리아재빗과 식물의 유효성분이 특히 설사와 구토를 유발한다는 사실을 알고 있다. 헬레보루스 추출물은 점막을 자극하여 검은색 변이나 혈변을 일으킨다. 고대인들은 이런 식으로 흑담액 증가로부터 유기체를 구해냈다는 환상을 품었다.

분명 히포크라테스주의자들은 오직 합리적인 근거에 의해 헬레보루스를 처방했지만, 이 식물이 더 오래전부터 사용되었으며 여기에는 마법적 믿음이 섞여 있다고 생각할 이유가 있다. 대 플리니우스[74]의 증언은 꽤 시사적이다.

> 점술로 유명한 멜람푸스Melampous[75]는 한 헬레보루스종에 자신의 이름을 붙여 '멜람포디온melampodion'이라 부르게 했다. 몇몇 저자에 따르면 동명의 목동이 이 식물을 발견했다고 한다. 그는 식물을 먹은 염소들이 설사하는 것을 발견하고는 이 염소들의 젖을 프로이토스의 딸들[76]에게 먹여 광기를 치유했다.•

이 목가적 신화에 따르면 프로이토스의 세 딸은 자신이 암소라고 믿으며 들판을 떠돌았다. 병 때문에 이미 머리는 벗겨져 있었다. 프로이토스왕은 정신을 온전히 되찾고 머리카락을 회복한 딸 이피아나사를 치료에 성공한 대가로 멜람푸스에게 주었다. 플리니우스를 계속 읽어보자.

> 검은 헬레보루스만이 멜람포디온으로 불린다. 사람들은 그것으로 집을 향기롭게 한다. 그것을 뿌려 가축들을 정화시키고 기도를 덧붙인다. 그것을 채취할 때에는 특별한 의식을 행한다. 우선 검으로 식물 주위에 원을 그린다. 그런 다음 채취하는 사람은 동쪽으로 몸을 돌려 기도하면서 신의 승인을 요청한다. 또한 그는 하늘에 독수리가 날고 있는지 관찰한다. 왜냐하면 이 새는 작업을

• 대 플리니우스Pline l'Ancien, 《박물지*Histoire naturelle*》, XXV, 1802, 21-22쪽.

할 때면 거의 언제나 나타나기 때문이다. 만약 독수리가 식물을 따는 사람에게 다가온다면 이것은 그가 연내에 죽을 것이라는 징조다.•

따라서 헬레보루스 채취는 곧 말하게 될 만드라고라[77]만큼이나 안전하지 않다. 그렇게 가공할 효과를 가진 식물을 채취할 때는 조심해야 한다. 진위가 분명하지 않은 히포크라테스《서한집*Epistolai*》에서 볼 수 있듯이 미신이 개입하지 않을 때에도 헬레보루스 채취에는 수많은 세세한 지침이 하달되며, 이런 지침들은 식물의 유효성분 함유량에 영향을 끼치는 자연적 편차가 얼마나 중요했는지 보여준다.

특히 산과 높은 언덕의 식물을 채취하라. 흙의 밀도와 공기의 희박함으로 인해 그곳 식물들은 수분이 많은 식물보다 더 조밀하고 더 강한 효력을 지닌다. 왜냐하면 그곳 식물들은 더 많이 끌어당기기 때문이다. […] 수액, 즙과 관련된 모든 것을 토기로 옮기도록 하라. 잎, 꽃, 뿌리의 모든 것을 새 토기에 담아 잘 밀봉하도록 하라. 그래야 식물이 바람의 입김에 훼손되어 일종의 기절 상태에 빠진 채 약효를 상실하지 않을 것이다.••

이 식물은 풀로 된 보물이라는 듯 귀한 재료로 취급된다. 이 보물은 보호하고 보존해야 하며 시원하고 어두운 용기에 넣어두어야 한다. 헬레보루스는 생명을 유지해 주어야 하는 살아 있는 존재다. 채취와 투약 사이에 여러 위험이 발생할 수 있다. 가장 심각한 것은 공기와 접촉해 향기가 새고 효력이 감소하는 것이다. 이 때문에 식물의 "유효성분"이 신비한 존재를 생포하고 보존할 수 있도록 아주 중요한 대비가 요구된다. 권위자들의 지침을 따라야 한다. 오직 그들만이 의지를 얼마나 '농축concentration'해야 약제를 채취하고 제조하여

• 앞의 책.
•• 히포크라테스,《히포크라테스 전집》, 9권, 345쪽.

제대로 농축할 수 있는지 알고 있다.[78] 허술한 "뿌리 절단기" 하나, 부주의한 취급 한 번으로 그 무시무시하고 연약한 물질이 불활성화되는 처벌을 받는다.

과학적 시대 이전에는 몇몇 특별한 물질에 이러한 몽상적 가치 평가가 적용되었다. 헬레보루스의 효력이 그 탁월한 사례다. 상상력은 우화적 약리학 일체를 구성하는 경향을 띤다. 이때 약에는 이중의 요구 사항이, 그러니까 특효의 요구와 만병통치의 요구가 주어진다. 사람들은 한편으로 "좋은 풀bonne herbe"[79]이 특수한 독의 정확한 해독제이기를, 특정한 병을 위한 유일하고 거의 예정된 요법이기를 바란다. 다른 한편으로 그들은 그것에 무한히 넓은 효력, 놀라운 다목적성을 부여하고, 매우 상이한 수많은 병에 사용하는 것을 정당화한다. 최고의 식물은 특효제이자 동시에 만병통치약이다.

헬레보루스가 한 가지 사례다. 헬레보루스는 멜랑콜리 특효제이고, 특별한 지역에서 채취될 때는 일종의 초강력 특효성을 갖는다. 포키스의 안티키라시市[80] 인근에서 채취하는 품종은 특히 효과적이었다. 그 값비싼 헬레보루스는 멜랑콜리 환자와 뇌전증 환자에게 최후의 방책이었다. "안티키라로 항해하다"는 속담의 관용구가 되었다. 사람들은 아주 먼 여행도 마다하지 않았다.

하지만 다른 한편 플리니우스와 디오스코리데스[81]는 헬레보루스의 효력 목록을 인심 좋게 확대한다.• 헬레보루스는 마비, 광기, 수종水腫[82], 통풍과 여타 관절 질환에 좋다. 헬레보루스는 나력瘰癧[83], 고름이 나오는 종기, 단단한 종양, 샛길[84], 발진성 피부염을 곪게 하여 없앤다. 그것은 무사마귀를 없앤다. 심지어 네 발 짐승의 옴을 치유한다. 이 얼마나 복합적 효력인가! 약은 효능이 넘칠 때에만 진정으로 강력하다.

히포크라테스주의 의사가 헬레보루스만큼 약효가 센 하제下劑[85]를 사용한다면, 일반적으로 목적은 중단된 "자연적" 배출을 대체하는 것이다. 대개 멜랑콜리 발작은 월경, 치질로 인한 출혈, 나아가 피부 화농이 사라진 것에 기인

• 페다니우스 디오스코리데스Pedanius Dioscorides, 《의학의 재료*De materia medica*》, 2권, 1906-1914, 308쪽.

한다고 여겨진다. 흑담액이 제대로 제거되지 않아서 발병한 것이다. 그래서 흑담액 배출이 자연스럽게 재개되는 현상은 좋은 전조로 간주된다. "멜랑콜리가 '광란phrenitis'[86]을 수반한다면 치질 출혈 재발이 도움이 된다."•

이 이론은 아주 오랫동안 신뢰받았다. 멜랑콜리 환자를 치료하거나 진정시키려면 들어온 체액을 밖으로 "불러내야" 한다. 에스키롤••이나 그의 제자 칼메유•••[87] 같은 최근 저자들은 체액 이론을 완전히 거부하면서도 일명 "유도적"[88] 방법은 계속 추천한다. 이런 까닭에 피부병을 일으키는 것은 유용한 일이고, 외음부나 항문의 사혈을 통해 "치질 출혈을 대체하거나" "월경 출혈을 복구시켜야" 하며, 배액관排液管[89], 부항컵[90], 발적제가 같은 목적에 활용될 것이다. 19세기 저자들이 환자의 관자놀이에 거머리를 붙일 때, 그들은 머리의 선택적 "배출"을 실행하고 있을 뿐이다. 방금 우리는 이에 대한 최초의 언급을 히포크라테스 저작에서 발견했다. 고대인들은 타액분비촉진제나 코점막 자극제(콧물분비촉진제)까지 처방했다. 멜랑콜리에 사혈이 필요한가? 이 조치의 적절성 또한 19세기까지 지속적으로 논의된다. 체액론의 신실한 지지자들에게 이것은 까다로운 문제다. 병의 원인이 혈액과 흑담액의 공교로운 혼합이라면 어떻게 해야 할까? 흑담액 과잉분을 제거하면서도 유기체에 필수적인 혈액까지 부족하게 만들면 안 될 것이다. 이후 18, 19세기의 몇몇 저자처럼 원인을 "뇌 모세혈관 다혈증"으로 돌림으로써 사혈을 더 확고하게 정당화할 수도 있다. 우리는 효력의 명성 덕에 옹호되고 있지만 오래되거나 시대에 뒤떨어진 기법이 정당화와 합리화의 주기적 갱신을 통해 유지되는 것을 드물지 않게 목격한다. 멜랑콜리의 경우에는 어떤 동일한 치료 원리, 즉 유기물질의 과다가 유기체의 균형을 해치면서 두뇌의 기능을 손상시킬 때 이 유기물질 제거를 권하는 원리가 오랫동안 존중되고 있다.

• 히포크라테스, 《발작*Des crises*》, 41, in 《히포크라테스 전집》, 9권, 291쪽.

•• 에스키롤, 《정신질환*Des maladies mentales*》, 1권, 1838, 477쪽.

••• 루이플로랑탱 칼메유Louis-Florentin Calmeil, 〈비애광Lypémanie〉 항목, in 《의학 백과사전 *Dictionnaire encyclopédique des sciences médicales*》, 2부, 3권, 1870.

지금까지 유도와 배출을 처방하는 멜랑콜리 치료법의 탄생을 살펴보았다. 1870년 칼메유가 그 효력을 의심하면서 이 치료법을 단념하려 할 때 얼마나 조심스러웠는지 보라. 그의 조심성은 매우 흥미롭다. 이제 인용할 문헌은 오래된 치료법에 결부된 권위가 유별나게 지속되는 현상을 입증하는 최적의 사례다.

> 나는 내 선생의 의견에 경의를 표하고, 이 기술이 생겨난 이후 현재 과학에서도 통용되는 의견을 존중할 수밖에 없다. 나는 유도법에 큰 중요성을 부여한다. 모든 이들처럼 나도 월경 출혈의 회귀, 치질 출혈의 회귀, 외딴 농양의 형성, 부스럼의 다량 발진과 함께 병이 낫는 증례를 관찰했다. 나는 이 갖가지 발현 하나하나를 결정적 운동으로 간주하고, 이성의 회복이 이 발현들에 기인한다고 진심으로 생각한다. 그럼에도 불구하고 나는 이 결정적 효과들의 빈도와 중요성이 과장되었다고, 자주 일어나지 않는 사실의 반복이 필연성으로 간주되었다고 생각한다.•

히포크라테스 저작에는 다른 종류의 요법이 등장한다. 그것은 만드라고라의 효과 중에서도 특히 진정 작용이다. "비애에 빠지고 병들어 자신의 목을 조르려는 자들은 아침마다 만드라고라 뿌리 음료를 착란을 유발하지 않을 만큼 복용하도록 하라."••

사람들은 이에 대해 더 오랫동안 말하게 될 것이고, 전설은 약효에 대한 소박한 관찰에 우화적 주석을 첨부할 것이다. 만드라고라의 약효는 벨라도나[91]의 미주신경억제 작용, 환각 작용과 비슷하다. 몇몇 고대 저자에 따르면 이 신기하고 위험한 약재는 거리를 두고 증기만으로 작용할 수 있다. 켈수스[92]에 의하면 베개 밑에 둔 만드라고라 "사과"[93]는 조증 환자와 발광성 멜랑콜리 환

• 대 플리니우스, 《박물지》.

•• 히포크라테스, 《인간의 여러 부위*Des lieux dans l'homme*》, in 《히포크라테스 전집》, 6권, 329쪽.

자를 재우는 강력한 수단이 된다.• 하지만 더 절제된 수단의 효과를 확인하지 않은 채 그것을 사용해서는 안 된다. 중세에 흡입요법은 마취법의 하나로 쓰일 것이다. 외과의사 우고 보르고뇨니[94]는 양귀비, 사리풀, 만드라고라를 함유한 액체를 천에 적셔 환자들에게 흡입용으로 주었다.••[95] 이를 위해 이 물질을 흡수한 천을 햇빛에 말린 다음, 사용하기 직전 뜨거운 물에 담갔다. 루이지 벨로니의 검토에 따르면 흡입만으로는 별 효과가 없다는 것이 확실하다. 또한 환자가 약간의 액체를 삼키면 혼미 상태에 빠지는데, 이것은 벨라도나의 알칼로이드와 아편을 섞어 복용한 상태와 유사하다. 만드라고라는 르네상스 시대가 되면 흡입용 약제에 들어가는 여러 풀 중 하나가 된다. 만드라고라로 갖가지 '향료', '탕약주머니', '약풀머리띠'를 만들 것이다……. 위험하겠지만 그 가공할 추출물을 적절히 희석해 마시는 것도 물론 가능하다. 이아고는 오셀로에게 만드라고라로 잠재우지 못할 고통을 약속한다.[96]

> 양귀비도, 만드라고라도,
> 세상의 모든 마취약도,
> 네가 어제 맛본 달콤한 잠을 영영 돌려주지 못할 것이다.
> Not poppy, nor mandragora,
> Nor all the drowsy syrups of the world,
> Shall ever medicine thee to that sweet sleep.•••

• 아울루스 코르넬리우스 켈수스Aulus Cornelius Celsus, 《의술*De arte medica*》, III, 18, in 《라틴 의사 문집*Corpus medicorum Latinorum*》, 1권, 1915.

•• 루이지 벨로니Luigi Belloni, 〈만드라고라The Mandrake〉, in 《향정신성 약제. 향정신성 약제에 대한 국제학회 문집*Psychotropic Drugs. Proceedings of the International Symposium on Psychotropic Drugs*》, 1957, 5-9쪽. 벨로니, 〈헬레보루스에서 레세르핀까지Dall'elleboro alla reserpina〉, 《심리학, 신경학, 정신의학 문집*Archivio di psicologia, neurologia e psichiatria*》, 17, 115, 1956.

••• 셰익스피어Shakespeare, 《오셀로*Othello*》, III, 3, 331-333행, in 《전집*Œuvres complètes*》, 1873, 161쪽.

과장이다. 도대체 고통이 얼마나 극심해야 아편과 만드라고라의 마약 효과를 능가하겠는가!

한편 이미 고대부터 만드라고라에는 최음제 속성이 있다고 여겨졌다. 키르케[97]의 미약에는 만드라고라가 들어 있다. 그리고 존 던[98]은 그의 시《영혼의 진보*Of the Progress of the Soul*》에서 여러 절을 할애하여 "사과"와 잎 중 어느 것에 연관되느냐에 따라 정신에 욕망의 불을 붙이기도 하고 진정시키기도 하는 상반된 힘을 만드라고라에 부여한다.•[99]

그것의 사과는 불붙이고, 그것의 잎은 수태를 파괴하는 힘이니.

His apples kindle, his leaves, force of conception kill.••

만드라고라, 공상적 투사에 뒤덮인 이 인간 형상 식물은 쉽게 경계를 그을 수 없는 마법의 영역으로 상상력을 이끈다.•••[100] 이러한 신화 과포화상태를 마주하면 실제 특효를 분리하기가 불가능하다. 만드라고라의 항우울제 속성, '삶의 권태taedium vitae'[101]에 대한 처방은 마법적 힘의 증식에 의해 상실되고 또 그 힘과 뒤섞인다. 만드라고라는 정신의 균형을 복구하려는 요법으로 쉽게 포괄되지 않는다. 그것은 금단의, 알고자 하면 위험한, 죽음과 황홀을 전달하는 열매다. 16, 17세기에 만드라고라를 처방하는 자는 금지된 기술을 사용하여 악마와 끔찍한 교제를 맺는다는 의심을 조만간 사게 된다.

• 존 던의 시에 나타난 만드라고라에 대해서는 다음 논문을 보라. 돈 캐머런 앨런Don Cameron Allen, 〈던의 만드라고라Donne on the mandrake〉, 《근대 언어 노트*Modern Language Notes*》, 74, 393, 1959.

•• 존 던John Donne, 《존 던의 시*The Poems of John Donne*》, 1933, 274쪽.

••• 알베르마리 슈미트는 최근 저서에서 만드라고라 상징을 연구했다. 알베르마리 슈미트Albert-Marie Schmidt, 《만드라고라*La mandragore*》, 1958.

켈수스

로마의 백과사전 저술가 켈수스가 보고하는 아스클레피아데스[102]의 정신의학 요법은 히포크라테스 저작이 권하는 것 외에도 많은 수단을 제안한다. "흑담액에서 기인하는 것 같은 비애"에 대해 격려정신요법이 (섭식, 절주, 마사지와 목욕, 배출약 등) 순전히 신체적인 조치를 보완한다.

> 큰 두려움의 원인이 되는 모든 것을 환자로부터 떨어뜨린다. 건강한 상태였을 때 그를 가장 즐겁게 한 이야기와 놀이로 기분을 풀어준다. 그가 한 일이 있다면 그것을 후하게 칭찬하고 돌아보게 해준다. 괴로운 일에서 근심보다 격려의 요인을 발견해야 함을 자각시키고, 따뜻한 훈계를 통해 슬픈 상상력을 물리치도록 만든다.•

멜랑콜리 환자를 즐겁게 만들고 안심시킨다. 그가 자신의 가치를 다시 느끼도록 돕는다. 주변 세계를 밝히고 부드럽게 만들어 그에게서 음울한 확신을 몰아낸다. 음악은 주변 분위기에 활력을 주는 좋은 수단이다. "이런 환자들을 슬픈 생각에서 끄집어내려면 합주, 심벌즈, 여타 시끄러운 수단을 동원하는 것이 유용하다."••

켈수스가 이쯤에서 멈추었더라면! 하지만 그는 사슬, 징벌, 갑작스러운 공포로 유발되는 충격 등 더 난폭한 수단까지 알고 있다. 이런 치료들은 특히 이성의 말을 듣지 않으려는 발광증 환자를 위한 것이다. 아마 강력한 치료법은 불안성 멜랑콜리를 겪는 환자들에게 처방되었을 것이다. "실제로 이런 동요를 통해 그들을 초기 상황으로부터 끄집어내는 것이 이로울 수 있다." 여기에서 우리 시대까지 이어질 방법 한 가지가 등장하는 것을 본다. 그것은 정신

• 켈수스, 《의술》, III, 18.
•• 앞의 책.

질환 환자를 잘못된 길에 들어서서 길을 잃고 우리의 이해가 미치지 않는 곳으로 가버린 악몽의 희생자로 보는 것이다. 그는 어떤 "악의"에 사로잡혀, 그를 바른길로 인도하려는 사람들의 노력에 악랄하게 저항하고 있다. 켈수스가 멜랑콜리 환자에게 심어주려는 "깊은 동요"의 의도는 그를 이 꿈에서 깨워 우리와 그 자신에게 돌려보내고, 다시 우리의 말을 듣게끔 만드는 것이다. 치료사의 난폭한 행위는 모든 음울한 만족을 차단하면서 도피처였던 은둔지로부터 환자의 이성을 내쫓고, 이성이 호소에 답할 것을 명령한다.•103 실제로 이 치료가 주로 효능을 보이는 것은 명랑성 발광, 격앙성 조증이다. 반대는 반대를 가지고 치유한다. 켈수스에 따르면 비애에 빠진 자에게는 더 조심스러운 관리가 필요하다.

> 체액이 너무 어두워지면 하루에 두 번 가볍지만 긴 마사지를 실시하는 것이 좋다. 또한 머리에 냉수마찰을 하고 물과 기름으로 목욕할 것을 처방한다. [⋯] 이런 사람을 혼자 혹은 낯선 자들과 두는 것도, 그를 무시하거나 그에게 무관심한 자들과 두는 것도 바람직하지 않다. 이런 사람은 지역을 옮길 필요가 있다. 그리고 이성이 돌아온다면 매년 여행을 다니는 것이 좋다.••

짧지만 선명하게 말하면, 감정적 요인과 환경적 요인을 활용한다. 또한 여행을 권유한다는 것도 주목하자. 여행은 처음 등장했고 앞으로 더 말할 것이다.

켈수스가 멜랑콜리 환자의 불면증 치료를 논한 문헌은 특별히 강조할 필요가 있다. 그는 아편의 힘을 알지만 꺼린다. 양귀비나 사리풀 탕약은 "광란을 가사상태로 만들" 위험이 있다. 따라서 더 순하고 덜 위험한 다른 수단부터 시

• 난폭함에도 종류가 있다는 사실을 짚고 가자. 19세기의 가장 뛰어난 저자 중 한 사람은 멜랑콜리 환자에게 "위로의 말을 건네기"보다는 "꽤 건조하게 혹은 심지어 겉으로 상당히 가혹하게 보이게" 말할 것을 권한다. (빌헬름 그리징거Wilhelm Griesinger, 《정신질환론*Traité des maladies mentales*》, 1865, 565쪽.) 이 조언은 현대 정신치료사가 보기에도 여전히 유효하다.

•• 켈수스, 《의술》, III, 18.

도한다. 머리에 "붓꽃 방향제를 섞은 사프란 방향제"를 바를 수 있고, 면도를 한 다음 머리를 오랫동안, 하지만 "피부에 약한 자극만 남을 정도로" 부드러운 움직임으로 마사지할 수도 있다.•

> 환자 곁 대롱에서 떨어지는 물소리, 식후와 밤중에 하는 마차 나들이, 특히 매달아 놓은 침대의 흔들림은 잠을 부르는 방법이다.

불면증이 고질적이라면 목덜미에 부항컵을 붙여 난절亂切[104]을 시도할 수 있다. 신중한 조치가 모두 실패하면 최후의 수단으로 위험한 양귀비를 쓰거나 만드라고라 사과를 베개 밑에 둔다.

에페소스의 소라노스

에페소스의 소라노스[105]의 의학적 주장이 우리에게 전해진 것은 무엇보다《급성질환과 만성질환*Peri oxeōn kai chroniōn pathōn*》에 대한 그의 위대한 논설을 카엘리우스 아우렐리아누스[106]가 라틴어로 번역한 덕이다.[107] 방법학파[108]에 속하는 소라노스는 멜랑콜리에 대한 체액론적 해석을 무시하고, 공허한 말장난으로 치부한다. 그에 따르면 실제 원인은 섬유fibres[109]의 심각한 '협착' 상태다. 주요 증상은 불안과 쇠약, 조용한 비애, 주변에 대한 원한이다. 멜랑콜리 환자는 살기를 바랄 때도 있고 죽기를 바랄 때도 있다. 그는 누군가 자신에게 덫을 놓았다고 믿는다. 그는 이유 없이 울고 부조리한 말을 중얼거리고 나서 갑자기 웃기 시작한다. 상복부가 부푸는데 특히 식사 후에 그렇다. 소라노스는 경쟁 학파들이 주장하듯 "조증"에서 "멜랑콜리"로의 이동이 일어난다고 인정하지 않지만 두 질환에 대해 뚜렷이 유사한 치료를 제안한다. 그는 알로에, 향쑥과

• 앞의 책.

같이 너무 센 약재를 신뢰하지 않는다. 그는 아편과 마찬가지로 포도주도 위험하다고 생각한다. 그는 단식도 성행위도 거의 지지하지 않는다. 그는 환자를 어둠 속에 격리하는 것을 쓸모없는 일로 본다. 그에게 음악은 사기꾼이나 쓰는 방법이다.

찜질이 소라노스가 권하는 치료에서 꽤 중요한 위치를 차지한다. 그는 (조증이 머리와 관계된다면) 멜랑콜리는 식도를 주 소재지로 갖는 중병이라고 생각한다. 따라서 견갑골 사이 혹은 상복부를 찜질하면 효과를 보게 된다.

그렇다고 해서 정신요법과 특정 형태의 "활동적" 요법[110]이 간과되는 것은 아니다. 소라노스는 환자를 극장에 데려갈 것을 권한다. 멜랑콜리 환자는 즐거운 연극을 보러가야 하고, 자만하는 광인은 비극 작품을 관람해야 한다. 극장을 활용하면 일종의 감정적 해독을 통해 치료를 보강할 수 있다.

그리고 회복기 환자가 글을 쓸 수 있게 되면 즉시 작문을 해서 낭독하라고 요청한다. 가까운 지인으로 구성된 청중은 호응하는 모습을 보여준다. 청중은 열렬한 관심을 표명하고, 제시된 글을 전적으로 칭송한다. 수사학 연습을 마친 환자는 편하게 마사지를 받고 가볍게 산책한다. 문학적 소양이 없는 자에게는 그에게 친숙한 일이 무엇인지 묻고, 계산 놀이를 통해 정신을 각성시킨다, 등등. 이런 정신요법은 빌헬름 그리징거가 권장하게 될 다음 치료법을 예고한다. 환자가 회복기에 들어서면 즉시 "예전 '자아'를 보강하고" "과거 그의 흥미를 끌었던 것으로" 그를 인도한다. 그리징거는 이유를 덧붙인다.• "어떤 개인에게는 사유와 의지의 완전함이 삶의 외적 측면과 내밀하게 연관되어 있다. 그런 부류의 노동자는 오직 자신의 일을 다시 수행함으로써 이전 개인성의 통일을 온전히 되찾으며, 그런 부류의 음악가에게는 그의 악기에서 나오는 소리가 필요하다." 멜랑콜리 치유를 위해 소라노스는 이와 같은 합리적 훈련에 기댄다. 그는 약을 매우 제한적으로 사용하면서도 효과의 측면에서 경쟁 학파들의 방법을 능가할 수 있다고 자부한다. 소라노스는 신중할 뿐 아니라, 좀처

• 그리징거, 《정신질환론》, 549쪽부터.

럼 멜랑콜리 환자의 이성을 포기하지 않는 아름다운 낙관주의를 겸비한다. 병이 얼마나 깊든 몸과 정신은 온전한 자원을 가지고 있다. 의사가 할 일은 이 자원을 촉진하는 것이다.

카파도키아의 아레테오스

멜랑콜리 치료를 논하는 문헌에서 아레테오스[111]는 어떤 상태의 병이든 치유할 수 있다는 믿음을 의심한다.• 특히 병이 뿌리내릴 정도로 오래 방치한 경우라면 헬레보루스 같은 최고의 약도 효과를 보지 못할 수 있다. 그럴 때는 완화요법으로 만족하자.

> 모든 병을 치유하는 것은 불가능하다. 그런 것을 할 수 있는 의사는 신보다 강할 것이다. 그런데 의사는 병의 뿌리를 뽑지 못할 때에도 병을 경감하고 진정시키며 한동안 가라앉힐 수는 있다.••

어떤 수단이 있을까? 물론 하제와 이담제, "강장 식이요법"이 있고 또한 온천욕이 있다.

> 이 경우 타르, 유황, 명반明礬[112]과 다른 많은 약용 물질이 함유된 목욕을 하면 매우 이롭다. 이런 목욕은 멜랑콜리 환자의 건조하고 수축된 피부를 촉촉하고 부드럽게 만든다. 또한 환자는 그곳에 머무르면서 오랜 치료의 권태를 기분 좋

• 카파도키아의 아레테오스Arétée de Cappadoce, in 《그리스 의사 문집*Medicorum Graecorum opera quae exstant*》, 24권, 1828. 프랑스어 역, 《급성질환과 만성질환의 징후, 원인, 치료에 대한 논설*Traité des signes, des causes et de la cure des maladies aiguës et chroniques*》, 1834.

•• 앞의 책, I, 5.

게 달랜다.•

이 조언은 여러 번 반복될 것이다. '기분전환' 방법은 아주 많은 사변과 개량의 대상이 된다. 오락이 도움이 된다는 것을 인정한다면 수많은 방식으로 다양하게 시도해야 한다. 온천 시설에 물과 유흥을 함께 제공할 수 있도록 정비한다. 우리는 18, 19세기가 이런 종류의 치료를 개선하려고 애쓰는 것을 보게 될 것이다……. 멜랑콜리 환자의 피부가 매우 건조하다고 기술한 것을 기억하도록 하자. 수척함과 함께 짙은 안색, 고질적 변비, 늑하부 팽만 등이 이 질병의 특유증상이다.

모든 점에서 멜랑콜리와 닮았지만 원인이 흑담액에 있지 않은 비애 상태가 있다. 이 상태의 원인은 도덕과 정념에 있다. 이런 원인들을 식별할 수 있다면 조치를 취할 수 있을 것이고, 기적과 같은 치유를 이뤄낼 것이다. 아레테오스는 감별진단[113]의 문제를 제기한다.

> 보고에 따르면 […] 불치병에 걸린 것 같은 어떤 자가 젊은 여성과 사랑에 빠진 덕에 치유되었다는 것이다. 의사들은 하지 못했던 일이다. 내 생각으로는 이 환자가 젊은 여성을 그전부터 극심히 사랑했고, 사랑을 이루지 못하자 비애에 빠져 침울하고 몽상적인 상태가 된 것이다. 그러자 병의 원인을 알 수 없는 동료 시민들이 그가 멜랑콜리에 걸린 것으로 간주한 것이다. 하지만 그런 다음 마음을 얻어 욕망하는 대상을 향유하게 되자 음울함과 흑담액질이 감소하고 기쁨이 멜랑콜리 현상을 없앤 것이다. 오직 이런 관계하에서만 사랑이 의사가 되어 멜랑콜리를 무찔렀다고 생각한다.••

• 앞의 책.
•• 앞의 책.

실제 멜랑콜리와 유사 멜랑콜리? 여기서 아레테오스는 우리에게 익숙한 구별인 (멜랑콜리라 불릴 유일한 권리를 가진) 내인성 질환과 반응성 우울증의 구별을 채택하는 것처럼 보인다. 고대 체액론은 슬프고 분한 것일 뿐인 사례와 체액이상, 즉 신체적 손상에 기인하는 사례를 구별하는 것을 이론적으로 금하지 않는다. 원인이 그렇게 다르다면 치료도 근본적으로 대조적일 것이다. 한쪽에서는 좌절된 욕망을 만족시키고, 다른 한쪽에서는 흑담액 배출제나 용해제를 처방한다……. 이렇게 구분하면 간편하고, 논리적 명확함에 대한 취향을 만족시킬 수 있다. 하지만 결국 이런 구분은 고대인들의 의학적 추론에서 "정신신체학"[114]이 너무나 빈번하게 발견되기에 그리 유효할 수 없다. 정신적 원인이 유기체의 물질적 구조에 영향을 주고, "기질tempérament"[115] 혹은 일반적 "긴장tonus"[116]을 변형시킨다. 체질이나 물질적 환경으로는 흑담액질이 아닌 사람도 근심, 불행, 좌절한 정념, 학문의 우회로를 통해 그렇게 될 수 있다. "후천적 기질"이 있는 것이다. 영혼의 상태는 언제나 몸의 차원으로 번역된다. 정신적 원인과 유해한 정념이 빨리 제거되지 않으면 깊고 거센 기질성器質性[117] 장애를 겪게 된다. 이 장애는 모든 경과가 처음부터 몸의 수준에서 진행되는 경우보다 가볍지 않다. 의학서 저자들은 이런 종류의 현상을 정당화하는 자연학적 설명을 충분히 갖추고 있다. 정신적 상황에 생리적 등가물을 정밀하게 부여하는 진정한 신체 번역traductions somatiques을 이 저자들에게서 관찰할 수 있다. 그리하여 갈레노스에 따르면 좌절된 사랑은 비정상적 금욕을 일으키고, 이것은 정액의 정체 효과를 통해 뇌에 해를 끼친다. 정액이 유기체 안에 오래 머무르면 장시간에 걸쳐 변질되어 뇌에 독성 체기體氣[118]를 뿜는다. 이 독성 체기의 피해와 흑담액이 늑하부에 정체되어 생기는 피해는 유사하다. 그렇기 때문에 사랑의 생리적 실천은 치질 출혈이나 발한과 비교할 만한 배출의 한 가지 형태다.

이후 멜랑콜리를 다루는 저자 대부분은 성교의 치료 효과를 논의할 것이다. 에페소스의 루포스[119]와 같은 몇몇은 성교에 놀라운 효능을 부여한다.• 더

• 에페소스의 루포스Rufus d'Éphèse, 《저작집*Œuvres*》, 1879.

정숙하고 도덕에 더 주의하는 의사들은 이 기회에 긴 반론을 펼칠 것이다. 과도한 성관계와 방탕은 오히려 멜랑콜리를 일으키는 불변의 원인이 아닐까?

사랑의 고뇌는 근원이 달라도 손상의 효과 측면에서 멜랑콜리와 같다. 그래서 멜랑콜리의 특수한 변이가 될 권리를 얻는다. 이런 멜랑콜리는 가장 진지한 논설들이 시대마다 재생산하는 감동적 전설과 일화의 행렬을 따라 의학사를 수놓을 것이다. 그중 가장 전형적인 것, 다른 모든 이야기의 모델이 되는 것을 플루타르코스가 제공한다. 그것은 젊은 왕자 안티오코스의 이야기로, 그는 아버지 셀레우코스와 막 결혼한 여왕 스트라토니케에 대한 정념으로 불탄다.[120] 그는 죄인이자 절망한 자로서 곡기를 잃고 쇠약하여 죽어간다. "그는 몸 안에 은밀한 병이 있는 것처럼 행세한다. 하지만 서툴게 꾸민 나머지 의사 에라시스트라토스[121]는 그의 병이 사랑에서 온 것임을 쉽게 알아챘다."• 에라시스트라토스는 이 사랑의 대상을 밝혀내기 위해 젊은 왕자의 방으로 여러 여인을 들인다. 그는 여왕 스트라토니케가 환자에게 어떤 증상을 일으키는 것을 금세 발견한다. 그것은 "사포[122]가 사랑에 빠진 자들에 대해 묘사한 것이었다. 말과 목소리가 사라졌고, 얼굴은 빨갛게 열을 냈으며, 갑자기 눈짓을 던지다 급작스럽게 땀을 흘렸고, 맥박은 더 빠르고 강하게 뛰었다. 그리고 마침내 영혼의 힘과 활력이 모두 꺾이자 그는 마치 정신이 나가 열광과 희열에 빠진 사람처럼 창백해졌다". 의사는 셀레우코스에게 조심스럽게 사정을 알렸고, 셀레우코스는 자신이 가진 모든 것을 내놓아 아들을 구하겠다고 선언한다. 특효제였다. 그는 아들에게 스트라토니케와 왕국 일부를 넘겨준다. 안티오코스는 "오이디푸스의 만족"을 찾은 후 금방 회복한다.

이런 특수한 형태의 멜랑콜리가 바로크 시대[123]에 수없이 언급되는 것은 전혀 놀라운 일이 아니다! 로버트 버턴[124]은 《멜랑콜리의 해부*The Anatomy of Melancholy*》(1621)의 중요한 한 부분을 이 멜랑콜리에 할애한다.[125] 자크 페

• 플루타르코스Plutarque, 《영웅전*Vies des hommes illustres*》, 1604-1610.

랑[126]은 이 주제로 책을 쓴다.• 사랑과 결부된 멜랑콜리는 정신적 고통이지만, 속성상 몸의 현저한 변형과 손상을 통해 구현되고 눈에 띈다. 여기에서는 사랑에 의해 불타고 산화한다는 은유가 문자 그대로 이해된다. 죽으려는 의지가 살려는 의지를 격정으로 압도하는 것이다. "상사병"은 일종의 신체적 "과표현 surexpression"[127]이다. 이때 몸은 사랑하는 대상의 부재 속에서 더 사는 것이 가능하지 않음을 '드러낸다démontrer'.[128] 모든 시대가 이 현상을 알고 있다. 그럼에도 불구하고 그것의 가장 발전된 문학적 이미지는 대부분 생산에서 표현의 가장 과도한 형태를 활용하는 문화의 전유물이다.

갈레노스

갈레노스는 치료용 처방을 일신하지 않으나 다른 이유로 우리의 주목을 끌 만하다. 그는 멜랑콜리를 기술하고 정의하는 법을 확정 짓는데, 이것이 18세기와 그 이후까지 권위를 행사한다.•• 그가 제안한 분류는 멜랑콜리 치료를 논하는 모든 글의 전제가 될 것이다. 중세, 르네상스, 바로크 시대의 의학 저술 대부분은 새로운 증거들로 장식하고 몇몇 참신한 제조법을 보강하여 갈레노스를 근면하게 다시 쓴 것일 뿐이다. 세부를 다듬긴 하지만 건물 전체는 그대로다. 오랜 시간 동안 독창성은 전통적 지식을 논박하는 것이 아니라 가필하고 첨부하는 것이 된다. 결국 지나친 적체로 인해 백지화의 조처가 요구될 것이다. 하지만 이 조처를 결정적으로 완수할 능력은 누구에게도 주어지지 않았다. 갈레노스의 멜랑콜리 개념은 단번에 사라진 것이 아니라 오랫동안 풍화되었다.

• 자크 페랑Jacques Ferrand, 《상사병 혹은 성애 멜랑콜리. 이 불가사의한 병의 본질, 원인, 증상, 치료를 알려주는 기묘한 논설*De la maladie d'amour, ou mélancholie érotique. Discours curieux qui enseigne à cognoistre l'essence, les causes, les signes et les remèdes de ce mal fantastique*》, 1623.

•• 갈레노스, 《병든 부위》, III, IX, in 《갈레노스 저작집》 2권. 누락 없는 유일한 그리스어 판본은 다음과 같다. 갈레노스, 《갈레노스 전집*Claudii Galeni opera omnia*》, 1821-1833.

멜랑콜리가 흑담액에 기인한다는 것은 갈레노스에게 부정할 수 없는 사실이다. 여러 고대 학파가 체액론을 거부하거나 의심했지만 갈레노스는 체액론의 모든 권리를 복권시킨다. 다만 흑담액 과잉은 유기체의 다양한 부위에서 그때마다 새로운 증상과 함께 발현되고 전개될 수 있다.

우선 혈액 손상이 오직 뇌에 국한되는 일이 가능하다. "이것은 두 가지 방식으로 일어난다. 멜랑콜리 체액이 다른 부위에서 흘러와 뇌에 쏟아질 수도 있고, 뇌 자체에서 생성될 수도 있다. 그런데 이 체액은 해당 부위의 상당한 열에 의해 생성된다. 열이 황담액 혹은 혈액의 가장 진한 부분 혹은 혈액의 가장 검은 부분을 불태우는 것이다."•

두 번째로 흑담액이 유기체 전체의 정맥으로 퍼져 나가는 일이 가능하다. 이 경우에도 뇌는 피해를 입지만, 이때 손상은 단지 "전신질환의 결과"다. 이것을 확인하려면 팔을 사혈하여 매우 검고 진한 혈액을 보면 된다. 혼동할 수 없다!

마지막으로 "병의 근원이 위에 있는" 사례가 가능하다. 이때 늑하부에 부종, 울혈鬱血[129], 폐쇄, 부기 등이 나타난다. 히포콘드리아[130] 질환이라는 병명은 여기에서 유래한다. 이 병은 트림, 발열, 소화불량, 고창鼓脹[131]을 통해 발현된다. "때로는 격렬한 위통이 급습해 등으로 퍼진다. 환자는 때로 뜨겁고 신 물질을 토해내며, 이것이 치아를 자극한다. 위가 흑담액으로 채워져 부풀면, 체기가 뇌로 올라가 지성을 무디게 하고 멜랑콜리 증상을 유발한다." 따라서 고전적 정의에 따르면 히포콘드리아는 여분의 흑담액이 축적되어 그로부터 독성 발산물이 뇌로 올라가는, 기질성 상복부 질환이다. (부아시에 드 소바주[132], 컬런[133], 피넬 등) 18세기와 19세기 초까지 질병학자들은 히포콘드리아를 환자의 과장된 건강 염려와 실제 소화불량이 결합한 것으로 정의한다. 전자의 증세는 처음에는 부수적 증상일 뿐이었으나 결국 중추 현상이 될 것이다.

갈레노스는 "체기" 이론을 아주 유창하게 옹호한다. 위에서 출발해 올라

• 앞의 책, 563쪽.

가는 체기로 어두운 생각뿐 아니라 몇몇 환각까지 설명한다. 바로 이 체기가 정신을 어둠에 몰아넣고 눈속영상[134]과 유사한 내인성 환시를 일으킨다.

> 최고의 의사들이 이구동성으로 말하는 바, 위에서 나와 머리로 가는 물질은 이런 증세는 물론이고 뇌전증까지 일으킨다. 멜랑콜리 환자는 항상 공포에 사로잡히지만 그에게 나타나는 공상적 이미지가 언제나 같은 형태는 아니다. 그래서 어떤 사람은 자신이 얇은 껍질로 만들어져 있다고 상상한 결과, 깨질 것이 두려워 행인을 피해 다녔다. [⋯] 또 어떤 사람은 아틀라스[135]가 자신이 이고 있는 세계의 무게에 지쳐 짐을 포기하고, 그리하여 그 자신은 물론이고 우리 모두를 압사시키지 않을까 두려워한다. [⋯] 반대로 멜랑콜리의 본질이 죽음의 공포에 있는 사람들이 있다. 당신이 기묘하다고 생각할 환자들도 있다. 그들은 죽음을 두려워하지만 동시에 원하기도 한다. [⋯] 외부의 어둠이 대부분 사람에게 두려움을 일으키는 것과 마찬가지로 [⋯] 어둠에 잠기는 것과 유사하게 흑담액의 색깔이 지성의 소재지를 물들이고 공포를 낳는다.•

따라서 멜랑콜리의 세 단위를 구별할 수 있다.

1) 뇌에 국한된 멜랑콜리 증세.

2) 흑담액이 혈액을 통해 뇌를 포함한 유기체 전체로 퍼지는 전신 증세.

3) 애초에 위와 소화기관에서 발병한 히포콘드리아이지만, 발산물과 체기를 통해 뇌에 피해를 주는 멜랑콜리 증세.

버턴은 1621년에도 여전히 이 분류를 엄격하게 따르면서, (갈레노스가 모르지 않았던) 사랑의 멜랑콜리 그리고 더 근대적 질환인 종교적 멜랑콜리를 첨가할 것이다. 그런데 버턴은 다른 많은 "학자" 중 한 명일뿐이다.

치료 원칙은 이 분류로부터 꽤 쉽게 도출된다. 병의 소재지가 머리라면 위에 관여하는 것은 소용없다. 유기체 전체가 피해를 입는다면 어떻게 사혈과

• 앞의 책, 568-569쪽.

목욕을 무시하겠는가?

> 나는 내 친구들이 증언한 사례를 인용하고자 한다. 성가신 체액이 오래 괴어 있지 않아 배출하기 어렵지 않을 때, 나는 잦은 목욕 그리고 즙과 수분이 풍부한 식사의 도움을 받으며 다른 약을 쓰지 않고 그러한 멜랑콜리를 고쳤다.•

하지만 이미 고질병이 됐다면 치료는 매우 어려울 것이다. 물론 (염소, 소, 양, 황소, 당나귀, 낙타, 토끼, 멧돼지, 여우, 개 등) '검은' 육류를 금하는 식이요법을 계속해서 더 엄히 준수해야 할 것이고, 양배추, 렌즈콩, 밀기울 빵, 진하고 검은 술, 오래된 치즈를 삼가야 할 것이다. 우리는 '검은색'과 '자극적인 것'의 해로운 효과를 비난하는 질적 직관을 그것의 모든 귀결까지 확인한다. 짙고 "강한" 음식은 정신을 어둡게 만드는 이 검은 발산물의 전조다. 이런 먹을거리에는 이미 비애와 공포가 서려 있다. 즐겁고, 밝고, 풋풋하고, 부드럽고, 이로운 수분이 풍부한 음식을 활용해야 한다.

멜랑콜리의 유일한 원인이 "멜라노겐mélanogène"[136] 음식이라면 쉽게 병을 몰아내고 자신을 보호할 수 있을 것이다. 하지만 위험은 다른 곳에 있다. 병리적 흑담액은 연소의 잔여물이자 그 자신이 불탈 수 있는 일종의 진한 타르다. 흑담액은 체액의 석탄이다. 발화하여 '2차 연소'를 일으킬 수 있는 물질의 독성 효과, 파괴적 공격성은 어마어마하다! 그런데 모든 자연 물질은 1차 발화를 거쳐 "그을린"[137] 체액으로 전환될 수 있다. 그을린 담액, 그을린 혈액이 검은색의 가공할 신진대사로 유입된다. 끈적한 타르가 불타 훨씬 더 어둡고 진한 잔여물을 남긴다. 그것은 정신을 암흑에 빠뜨리는 무거운 물질이다.

• 앞의 책, 570쪽.

철학자의 개입

지금까지 살펴본 의학적 주장들은 멜랑콜리에 대해 거의 전적으로 신체적인 치료를 처방한다. 여기에 트랄레스의 알렉산드로스•[138], 오리바시오스••[139], 아이기나의 파울로스•••[140], 아미다의 아에티오스••••[141] 등 갈레노스 이후 저자들을 추가할 수 있다. 이들은 멜랑콜리의 근원이 정신적인 것에 있을 가능성을 모르지 않았던 것 같다. 몇몇 심리적 조치의 효력도 무시하지 않는다. 이들은 너무 밝지도 너무 어둡지도 않은 환기가 잘되는 장소의 효과, 기분전환, 오락, 절제된 활동, 소소히 허영심을 만족시키는 위안의 효과, 그리고 고뇌를 야기할 사물과 사람으로부터의 격리가 가져다주는 효과를 알고 있다. 하지만 멜랑콜리는 그 정의상 물리적 피해를 함축하며, 무엇보다 몸의 장애에 개입하는 치료를 요구한다. 그러한 진단이 내려지면 상대해야 할 것은 몇몇 두드러진 증상을 보이는 전신 손상이고, 해당 주체는 명백히 긴급한 의학적 치료를 받아야 하는 중환자가 된다. 하지만 의사는 모호한 사례 앞에서 판단을 회피할 가능성을 남겨두었다. 오늘날 내과의가 고객 일부를 심리학자나 사제에게 보내듯이, 고대 의사는 그가 보기에 심한 신체 피해를 입지 않은 자들을 아스클레피오스•••••[142]나 철학자••••••에게 보내는 방책을 가지고 있었다. 물론 의사는 계속

• 트랄레스의 알렉산드로스Alexander Trallianus, 《열두 책*Libri duodecim*》, 1556.

•• 오리바시오스Oribase, 《오리바시오스 저작집*Œuvres d'Oribase*》, 1851-1876.

••• 아이기나의 파울로스Paul d'Égine, 《논설*Pragmateia*》, in 《그리스 의사 문집*Corpus medicorum Graecorum*》, IX, 1, 2, 1921-1924.

•••• 아미다의 아에티오스Aetius Amidenus, 《멜랑콜리*De melancholia*》, in 《갈레노스 전집》, 19권, 699-720쪽.

••••• 아스클레피오스 숭배에 대해서는 다음 책을 보라. 엠마 예네테 레비에델슈타인Emma Jeannette Levy-Edelsten·루트비히 에델슈타인Ludwig Edelstein, 《아스클레피오스. 증언 모음과 그에 대한 해석*Asclepius. A Collection and Interpretation of the Testimonies*》, 1945-1946.

•••••• 카엘리우스 아우렐리아누스는 회복기 조증 환자에게 철학적 대화를 권한다. 카엘리우스 아우렐리아누스, 《급성질환과 만성질환》, 550-551쪽. "그가 철학적 토론에 참석하고자 한다면 그렇게 하도록 조언한다. 철학자들은 말을 통해 공포, 비애, 분노를 몰아내는 것을

해서 식이요법을 규제하고 목욕과 운동 일정을 처방하기를 원했다. 기질성 이상으로 보이지 않는 한, 비애와 근심을 진정시키는 일은 그의 소관이 아니었던 것뿐이다. 어느 지점부터 진정으로 멜랑콜리 장애, 그러니까 광기인 것일까? 어떤 증상부터 헬레보루스를 사용해야 하는 것일까? 고대 의사는 이 질문을 모르지 않았고, 이 질문은 병의 상태를 정의하는 것과도 연관되어 있었다. 학식으로 무장한 훌륭한 의사는 그것을 결정할 능력을 가지고 있다. 그는 질병인 것과 질병이 아닌 것을 구분하고, 이 과정에서 때때로 일반적 의견과 충돌할 것이다. 어리석은 대중이 환자로 판단하는 사람을 의사는 제정신이라고 공표하는 일이 벌어진다. 반대 경우도 가능하다.

이에 대한 자료로 히포크라테스가 썼다고 하는《서한집》만 한 것이 없다.• 확실히 이 문헌은 위작이고 후대에 쓰였을 가능성이 크지만, 진본이 아니라는 사실이 거기서 얻는 정보의 가치를 조금도 훼손하지 않는다……. 압데라인들[143]은 그들의 가장 유명한 시민인 철학자 데모크리토스[144]가 광기에 빠지자 그를 치료하기 위해 위대한 의사를 불렀다. 히포크라테스는 헬레보루스 요법을 위한 모든 채비를 마친 후 달려온다. 하지만 좋은 임상의로서 그는 우선 환자와의 면담을 요구한다. 히포크라테스는 정원에서 해부학 연구에 몰두하는 데모크리토스를 만난다. 그들은 자연학과 철학의 가장 수준 높은 주제에 대해 대화한다. 히포크라테스는 이 대화만으로 상대방의 정신적 건강상태가 완벽하다고 확신했다. 사람들이 데모크리토스를 광기로 고발하는 것은 그들이 그를 이해하지 못하기 때문이다. 광기가 있다면 차라리 그것은 압데라인들에게 있다. 의사가 와서 모든 것이 분명하게 드러났다. 그의 결정, 그의 시선이 상황을 역전시켰다. 인민은 데모크리토스에게서 환자를 보았지만, 실제로는 다시 말해 이 영역에서 법의 힘을 가진 의학적 판단으로는 광인으로 추정된 자가 온전히 이성적인 유일한 사람이다. 치료할 대상은 인민이다. 충분한 헬레보루

돕는다. 이것은 몸에 대단한 이익을 가져다준다."

• 히포크라테스,《히포크라테스 전집》, 9권.

스가 있어야겠지만, 그리고 인민이 자신이 미쳤다는 사실을 인정해야겠지만. 로버트 버턴은 이 일화에 긴 주석을 붙일 것이고, 라퐁텐은 이것을 우화의 소재로 삼을 것이다.•

여유가 있는 제정기 로마인은 그가 평소 찾는 의사가 자신만 전담하도록 만들었다. 이 행위는 근대 언어로 심기증적 경향처럼 보일 것이다. 현재 문명에서 이런 경향이 특수할 정도로 확대되고 있지만 당시 상황은 지금과 견주어도 특별했다. 하지만 몇몇 우울증과 불안의 경우 고대인은 의사가 아닌 다른 사람을 찾았다. 때로는 밀교••[145]에, 때로는 철학에 의지했다.

고대가 우울한 상태에 대한 정신요법을 가지고 있다면, 우리는 이 요법을 철학자들의 문헌에서 도덕적 강론과 "위로"의 형태로 찾을 수 있다. 세네카[146]의 도덕적 편지와 논설 들이 고뇌하는 친구의 긴급한 요청에 응답하는 심리학적 진찰이 아니면 무엇이겠는가? 물론 세네카의 "고객clientèle"[147]이 특정 정신병을 앓는 것은 아니다. 세네카가 조언을 건네는 대상은 "사소한 일로 불안한 자", 신경증 환자, 정서불안에 시달리는 자, 다시 말해 오늘날 정신분석의 도움에 의지하는 사람들이다. 그는 네로의 위험한 시선 아래 살아가는 사람들에게 "지지정신요법"[148]을 제공한다……. 퀸투스 세레누스[149]라는 자가 세네카에게 토로하는 '삶의 권태taedium vitae'와 '구역질nausea'[150]은 근대인이 보기에 내인성 멜랑콜리가 아니라 신경증 유형의 우울증이다. 그는 정신의 이런 불안한 요동을 떨쳐내지 못해 이를 멈추게 해줄 조언을 요청한다. 세네카는 권태에 대한 아름다운 분석으로 답한다. 보들레르[151]는 이 답변을 기억할 것이다.

> 우리를 괴롭히는 병은 우리가 있는 장소에 있지 않고 우리 안에 있다. 우리는 무기력하게 어떤 것도 감당하지 못하고, 고통을 참지 못하며, 쾌락을 향유할

• 라퐁텐, 《우화집》, 8부: 26장 《데모크리토스와 압데라인들*Démocrite et les Abdéritains*》.

•• 에릭 로버트슨 도즈Eric Robertson Dodds, 《그리스인과 비이성적인 것*The Greeks and the Irrational*》, 1951.

수도 없고, 모든 것에 조급해진다. 얼마나 많은 사람들이 모든 변화를 시도해 본 후 같은 감각으로 회귀하여 어떤 새로운 것도 겪지 못한 채 죽음을 바라는지. 심지어 기쁨의 한가운데에서 그들은 이렇게 외친다. 아! 여전히 같은 것이라니!•[152]

이 환멸과 번민에서 어떻게 벗어날 것인가? 준엄하고 엄격한 미덕의 요구에 복종해야 할까? 영웅적 전투를 위해 의지를 세워야 할까? 세네카는 그런 것을 요구하지 않는다. 그는 큰일을 할 수 있고 큰일에서 행복을 얻는 현자를 위해 말하지 않는다. 세네카는 평범한 인간이 자신의 말을 듣고 따르길 원한다. 그는 이런 사람들의 머뭇거림과 약함을 안다. 그가 베푸는 조언은 누구라도 이해하고 따를 수 있는 것이다. 노력과 휴식, 은거와 대화를 번갈아 하기, 동일한 대상에 지속적으로 몰두하지 않기, 놀이와 기분전환에 어느 정도 시간을 투자하기, 몸에는 잠이 필요하다는 것을 잊지 않고 매일 과하지도 모자라지도 않은 충분한 수면을 취하기. 또한 산책과 여행으로 생활 방식에 변화를 줄 수 있다. 술은 유쾌한 취기를 넘지 않는다는 조건하에서 대체로 우리를 해방시킨다. (의사라면 대개 금지하는 쾌락을 철학자가 승인하고 있음을 보라.)

불안에 차서 어디서나 고통을 느끼는 영혼의 불행한 요동에, 세네카는 유동적이고 다채로운 삶의 이상을 맞세운다. 이러한 이상에서 인간은 잇따르는 쾌락과 노동의 리듬을 마음대로 조정할 권리를 자신에게 부여하면서, 또한 자연의 근본적 리듬을 존중한다. 스토아주의자가 휴식을 옹호하는 것은 언뜻 볼 때 놀라운 일이다. 하지만 스토아의 체계는 자연법[153]의 요구를 넘어서는 긴장을 승인하지 않는다. 따라서 퀸투스 세레누스는 너무 높은 완성의 의무에 자신을 결박하지 않아도 된다. 그는 시민성의 이상에 사로잡혀 있으나, 사실 이

• 세네카Sénèque, 《영혼의 평정*De tranquillitate animi*》, II. 우리는 브리에르 드 부아몽Brierre de Boismont이 《자살과 자살 광기*Du suicide et de la folie-suicide*》(1865)에서 제공한 번역을 인용한다. 보들레르는 1850년 따로 출판된 권태에 대한 장을 주의 깊게 읽었다. Cf. 《폭죽*Fusées*》, XIV, in 샤를 보들레르Charles Baudelaire, 《내면 일기*Journaux intimes*》, 1949.

이상은 충분히 순수했던 적도, 충분히 활동적이었던 적도 없다. 세네카의 답변은 대화 상대에게 진정한 의무의 이미지를 내세우면서 그를 진정시킨다. 그는 고뇌하는 친구를 고통스럽게 하는 도덕적 양심(혹은 "초자아")의 너무 강압적인 요구를 순화시키면서 그를 달래려 한다. 영혼의 평정은 부동의 경직된 지혜가 아니다. 그것은 자유롭고 편안하며 대립도 격앙도 없는 운동이다.•

세네카의 가르침은 또한 괴테[154]의 가르침이 될 것이다. 《시와 진리*Dichtung und Wahrheit*》에서 괴테는 《젊은 베르테르의 고뇌*Die Leiden des jungen Werthers*》의 창작 배경이 된 여건과 문화적 풍토를 숙고한다. 이때 그는 "삶의 환멸"을 분석하여 그것을 자연의 리듬에 참여하지 않는 결함으로 정의한다.

> 삶의 모든 즐거움은 외부 대상의 정기적 회귀에 근거한다. 낮과 밤의 교차, 계절의 교차, 꽃과 열매의 교차, 향유할 수 있고 향유해야 하는 대상으로서 일정한 주기로 돌아오는 모든 것의 교차. 바로 이것이 지상에서 삶의 참된 동력이다. 이러한 쾌락에 열려 있을수록 우리는 자신이 더 행복하다고 느낀다. 하지만 다양한 현상이 눈앞에서 요동치는데도 거기에 동참하지 않는다면, 이 감미로운 유혹을 받아들이려 하지 않는다면, 그때 가장 큰 고통, 가장 심각한 병이 엄습한다. 우리는 삶을 구역질나는 짐으로 간주하게 된다.••

그리고 시의 능력이 부여된 자들에게 해방은 시다.

• 우리와 더 가까운 시대에 데카르트와 왕녀 엘리자베트Elisabeth의 서신은 "철학정신요법"에 대한 완성된 예를 제시한다. 그리고 칸트는 《학부들의 논쟁*Der Streit der Fakultäten*》에서 그가 어떻게 자기 자신의 의사가 되었는지 말한다. 너무 좁은 흉곽이 번민의 원인이라는 것을 확인하자, 그를 괴롭히던 번민 발작이 즉시 멈춘 것이다.

•• 괴테Goethe, 《시와 진리*Vérié et Poésie*》, 8권.

전통의 무게

작자 미상, 〈악마에게 고통받는 성 안토니우스Der heilige Antonius, von Dämonen gepeinigt〉(1502년), 쾰른 발라프리히하르츠미술관 소장. Rheinisches Bildarchiv Köln, Wolfgang Meier, rba_d000033

'나태'의 죄악

고대 의사가 몸의 "정념"을 치료한다면, 철학자는 영혼의 "질병"을 고치려 애쓴다. 이 유비는 심대하여, 고의든 아니든 어휘의 혼동을 정당화한다. 원인이 무엇이든 우울성 비애에는 말, 약제, 일상의 규율을 통한 치료가 필요하다.

기독교 세계에서 영혼의 병과 몸의 병을 구별하는 것은 더없이 중요해진다. 영혼의 병은 의지가 동의했다면 죄악으로 간주될 것이고 신의 처벌을 부른다. 반면 몸의 병은 저승의 제재를 야기하는 것이 아니라 가혹한 시험이 된다. 둘 중 어느 것을 상대하는지 아는 것이 매번 쉽지는 않다. 우울증 질환은 특별히 까다로운 문제다. 교부敎父[155]가 의견을 표명할 일이 매우 흔했다. 이것은 의학적 치료가 필요한 멜랑콜리 질환인가?•[156] 아니면 비애의 죄악[157]인가? '나태acedia'[158]로 인한 폐해인가? 그런데 '나태'가 정말 죄악인가?

우선 '나태'란 정확히 무엇인가? 그것은 우둔함, 무기력, 적극성 결여, 구원에 대한 전적인 절망이다. 어떤 이들은 그것을 말문을 폐쇄하는 비애로, 영적 발성 불능, 영혼의 진정한 "목소리 소멸"로 묘사한다. 말과 기도 능력을 고갈시키는 것이 그것이다.•• 내부의 존재는 함구증[159]에 갇혀 외부와 소통하기

• 히에로니무스Saint Jérôme, 〈편지 95 lettre 95〉, 《루스티쿠스에게 보내는 편지*Ad Rusticum*》; 〈편지 97 lettre 97〉, 《데메트리아스에게 보내는 편지*Ad Demetriadem*》.

•• 여기에서는 《수도사 제도*De institutis coenobiorum*》(9권 《비애의 정신*De spiritu tristitiae*》, 10권 《나태의 정신*De spiritu acediae*》)가 제공하는 정의에 따라 '나태'를 기술하고 있다. 요하네스 카시아누스Jean Cassien, 《수도사 제도*De institutis coenobiorum*》, IL-L.

를 거부한다. (키르케고르[160]는 '헤르메스주의'[161]를 말할 것이다.) 따라서 타인, 신과의 대화는 그 원천에서 마르고 고갈된다. '나태'의 희생자는 재갈을 입에 문다. 그러한 인간은 자신의 혀를 삼켜 뜯어 먹은 것처럼 보인다. 언어가 몰수된다. 그런데 그의 동의가 있었다면, 그의 영혼이 거기에서 즐거움을 얻는다면, 신체적으로 부과되었을 이 우둔함이 비뚤어진 의지의 찬동을 얻는다면, 그때 나태는 치명적 죄악이다. 단테[162]의 지옥에서 '나태한 자들accidiosi'은 분노한 자들 옆에 자리 잡는다. 이들이 받을 형벌은 분노의 폭력이 자기 자신을 향하는 것이다. '나태한 자들'은 거대한 진흙탕에 묻혀 분간할 수 없는 꿀렁꿀렁 소리만 낸다. 그들의 말은 복명腹鳴[163]일 뿐이다. 영적 발성 불능, 자신을 표현하지 못하는 상태는 여기에서 강력한 알레고리의 이미지로 형상화된다. '나태한 자들'은 (이 구어의 문자 그대로의 의미에서) 진흙에 묻힌 자들[164]이고, 따라서 진창의 죄수들이다. 오직 시인만이 그들이 내는 무정형의 중얼거림을 인지한다.

그들은 진창에 처박혀 말한다. "태양 아래 흥을 더하는 감미로운 대기 속에서 우리는 자신 안에 무거운 연기를 채우고 언제나 비애에 빠져 있었다. 지금은 이 검은 수렁 속에서 비애에 빠져 있다."

그들은 이 성가를 목구멍 깊은 곳에 삼키고 꼬르륵댈 뿐 한마디 말도 온전히 밖으로 내보내지 못한다.[165]

'나태'는 희생자를 골라 공격한다. 수도사의 삶에 헌신했기에 "영적 선"만을 생각해야 하나 이제는 거기 이를 수 없다고 믿는 은자, 은둔자, 남성과 여성이 그들이다. 카시아누스[166]에 따르면 마음의 불안은 특히 한낮에, 일정한 시간에 닥치는 매일열每日熱[167]의 방식으로 엄습한다. 따라서 묘하게도 이 병은 순전히 신체적인 질환의 열성위기熱性危機[168]와 닮았다. 하지만 카시아누스는 이것이 오히려 〈시편〉 91편에서 말하는 "정오의 악마"[169]의 계략이라고 생각하는 편이다. 이 악마가 왔다는 것은 모든 영적 운동이 마비되고, 이와 함께 이동과 여행을 조급하게 욕망하는 증상을 통해 알 수 있다. '나태'는 희생자의 영혼에 자리 잡고 그가 있는 장소에 대한 공포, 독방에 대한 혐오, 동료에 대한 경멸을 불어넣는다. 희생자는 자신이 같은 곳에 있는 한 어떤 영적 노력도 소용없다고 믿게 된다. 그는 떠나려는 욕망에, 멀리 다른 곳에서 다른 형제들과 구원을 찾으려는 욕망에 사로잡힌다. 그는 사방을 두리번거리며 누군가 자신을 찾아오지 않는지 지켜보고, 자신이 혼자 있음을 깨닫고는 한숨을 내쉰다. 그는 끊임없이 독방을 들락날락하고, 태양의 하강이 지체되고 있다는 듯 하늘을 바라본다. 그리하여 비이성적 착란을 겪는 정신은 마치 땅에 어둠만 가득하다는 듯 아무 일도 하지 않고 모든 신앙 행위를 방기한 채, 그토록 중대한 영적 습격의 유일한 치료제로 어느 형제의 방문 혹은 잠의 위로만 기다린다……. 귀스타브 플로베르의 작품에서 성 안토니우스[170]의 돼지는 말할 것이다.• "나는 과도하게 따분하다." (돼지는 육체적 존재의 탐욕을 상징한다.)

명백히 지금 문제가 되는 것은 내인성 우울증과 어떤 공통점도 없는 특정 형태의 신경증 혹은 은둔형 정신병이다. 우리가 보기에는 고독한 생활 방식을 지탱할 힘이 없는 개인에게 나타난 일종의 정신적 보상기전상실[171]인 것 같다. 여기에 구원과 천벌에 대한 과장된 걱정이 결합한다. 르네상스와 17세기 저자들은 이런 종류의 근심을 "종교적 멜랑콜리"의 본질로 간주할 것이다. 어쨌든 중세부터 은자는 "멜랑콜리 기질" 혹은 이와 같은 것인 '토성의 아이들'[172]을 표상하는 알레고리에 지속적으로 등장한다.••[173] 한편으로 멜랑콜리 기질은 관조와 지성적 활동의 성향을 유발한다. 이때 멜랑콜리는 특권이지 병이 아니다. 다른 한편 긍정적 영향과 긴밀하게 얽힌 위험이 도사린다. 관조적 인간은 '나태'의 폐해에 취약하다. 중세 예술가 대부분은 죄악과 육체적 질병을 신학적으로 구별해야 함에도 불구하고 흑담액의 어두운 영역에 '나태'의 상징을 등장시킨다.

• 귀스타브 플로베르Gustave Flaubert, 《성 안토니우스의 유혹*La tentation de saint Antoine*》(1874), in 《전집*Œuvres complètes*》, 3권, 1924.

•• 멜랑콜리의 중세 이미지에 대해서는 파노프스키와 작슬의 중요한 저작을 보라. 에르빈 파노프스키Erwin Panofsky·프리츠 작슬Fritz Saxl, 《뒤러의 '멜랑콜리아 I'*Dürers 'Melencolia I'*》, 1923.

흔히 은자는 수공업에 임하는 자세로 표상된다. 예를 들어 그는 버들 바구니를 짜고 있다. 이런 이미지는 우연이 아니며 한 가지 전형적 사실을 드러낸다. 실제로 교부들은 고독한 삶의 멜랑콜리와 맞서 싸우는 중요한 수단으로 노동을 제안했다. "기도하고 노동하라!" 은둔자의 기도는 그가 손으로 노동하고 있을 때만 중지될 수 있다. 카시아누스에 따르면 이것이 비애와 '나태'에 효과적인 유일한 치료법이다. 멀리 도망치고 싶은 유혹에 온 힘을 다해 저항하라. 그 자리에서 싸우라. 굳건한 부동의 상태를 유지하라. 이를 위해 너의 몸을 일에 전념케 하고 피곤하게 만들어라. 이때 등장하는 것이 나중에 페트라르카[174]도 사용할• 포위된 요새의 은유다. '나태'는 너를 쓰러뜨리고 무너뜨리려는 의도로 너를 둘러싸고 봉쇄한다. 등을 돌리고 회피해 봐야 헛수고라, 적에게 승리를 가져다줄 뿐이다. 진정한 "그리스도의 투사"[175]는 적과 용맹하게 맞선다. 카시아누스는 어느 이집트 은둔자의 흥미로운 사례를 경탄하며 인용한다. 이 은둔자는 전념할 수 있는 새로운 일거리를 계속 마련하기 위해 일해서 만든 것을 매년 불태웠다. 태워 없앨 수 있다면 남는 생산물을 빈자와 죄수에게 자비로이 나누어 줄 수도 있을 것이다. 따라서 교부들에게 중요한 것은 노동의 경제적 이익이 아니라 그것의 치료 효력, 그러니까 노동에 전념하는 사람에게 주어지는 영적 이득이다. 근면한 사람은 권태의 집요한 공격, 비어 있는 시간의 현기증을 모면한다. 그는 죄가 되는 한가함의 유혹에 저항한다. 즉 중요한 것은 노동으로 자연을 변형하여 얻은 생산물이 아니라, 고된 노동으로 물리칠 수 있는 대상이다. 노동이 좋은 까닭은 그것이 세계를 변형하기 때문이 아니라, 한가함을 부정하기 때문이다. 그런데 '나태'는 한가함의 악순환 속에서 선회한다. 그것은 한가함에서 기인하고, 모든 영적 활동을 마비시킴으로써 한가함을 악화시킨다. 한가한 인간은 더 깊이 침잠하다 자기 안의 진창에 빠진다. '나태'는 이런 한가함의 매혹이다. 사람들은 노동이 관조, 기도, 구원에 대한 사유에 비하자면 기분전환이고 오락이라고 말할 것이다. 하지만 우리

• 페트라르카Pétrarque, 《비밀*Secretum*》, 1부, 1489.

가 '나태'에 빠져 먼 곳의 기만과 유혹에 시달리며 떠나려 할 때, 노동은 지금 있는 장소에 자신을 묶어두는 수단이기도 하다. 실제로 노동의 효과는 기도와 헌신 활동에 바칠 수 없는 시간을 완전히 점유하는 것에 있다. 그것의 기능은 악마가 들어오는 틈을, 한가해진 사유가 빠져나갈 틈을 막는 것이다. 이렇게 몽상은 방황과 죄의 위험을 모면하고, 고정된 활동에 흡수되어 유폐된다. 다시 말해 구원을 위한 정착이 완수된다. 노동은 온갖 바람과 유혹에 의해 흩어졌을 에너지를 구체적이고 해가 없는 방향으로 인도한다. 노동은 양심이 자기 안의 공허와 나누는 현기증 나는 대화를 중단시키고, 그 사이에 저항과 장애물을 두어 거기 부딪친 영혼이 자신의 불만족을 망각하도록 만든다. '나태'가 공상적인 저곳을 찬양한다면 노동은 영혼을 '여기'에 붙잡아 둔다.

"혼자 있지 말고, 한가하게 있지 말라." 이것이 로버트 버턴이 종교적 멜랑콜리의 치료를 논하는 챕터 끝에서 도달한 결론이다.• 그런데 영적 수단과 노동에 더해 사실상 마법과 점성학에 속하는 "물질적"[176] 수단의 긴 목록이 추가된다. 여러 대비가 단 하나의 대비보다는 더 효과적일 것이다. 악마가 판에 들어왔다면 쫓아내기 위해 모든 것을 해보아야 한다. 심지어 멜랑콜리가 의학적 증상으로 관찰된다 해도 사악한 정령의 습격에서 벗어나 있다고 믿으면 안 된다. 왜냐하면 "악마는 체액을 매개로 활동하고, 복합 질병에는 복합요법이 필요하기 때문이다".•• 따라서 흑담액과 악마로부터 동시에 자신을 보호하는 것이 적절하다. '멜랑콜리는 악마의 목욕물이다Melancholia balneum Diaboli.'[177] 그러므로 훌륭한 저자들이 추천하는 부적, 풀, 돌을 믿어보자. 청옥, 황옥, 석류석, 운향, 박하, 안젤리카, 작약, 고추나물이 있다. 버턴은 묘지에서 난 것이라면 두견초를 추가할 수 있다고 상술한다.

"우리의 정원을 가꾸어야 한다." 캉디드[178]의 조언은 카시아누스의 것을 세속화한 판본일 뿐이다. 권태(혹은 스플린spleen[179])가 '나태'를 대체했어

• 버턴, 《멜랑콜리의 해부》.
•• 앞의 책.

도 치료는 동일하다. 스위프트[180]는 이러한 신학을 알기에 《걸리버 여행기*Gulliver's Travels*》에서 아래 치료법을 묘사한다. 후이넘이 야후에게 실행하는 요법이다.•[181]

> 야후는 때로 변덕에 사로잡혀 구석진 곳에 몸을 처박고, 드러눕고, 소리 지르고, 신음하고, 누구든지 자신에게 다가오면 쫓아냈다고 한다. 젊고 비대하며 양분과 물이 부족하지 않아도 그랬다는 것이다. 하인들은 그가 무엇 때문에 괴로워하는지 추측할 수 없었다. 그들이 고안한 유일한 치료제는 고된 노동을 시키는 것이었다고 한다. 확실히 노동을 통해 야후는 정신을 차렸다고 한다. 내 종족에 대한 편향 때문에 나는 이런 말에도 잠자코 있었다. 하지만 나는 한가한 자들, 음란한 자들, 부자들에게만 나타나는 스플린의 진정한 원인을 분명히 보았다. 그러한 규율을 따르도록 강제할 수 있다면 나는 기꺼이 그들의 치료에 착수할 것이다.

미래의 모든 "노동요법"이 여기에 예고되어 있다. 하지만 이것은 가차 없이 처방되는 강제 노동이다. 우울증 상태는 죄를 부르는 생활 방식의 결과로, 대개 그러한 생활 방식의 벌로 나타난다. (19세기 초 하인로트[182]가 여전히 말하고 있듯) 병은 죄악의 대가다. 스위프트는 스플린에 대한 분노와 아이러니를 통해 그것이 부도덕한 한가함의 우스꽝스러운 결과임을 고발한다. 치료제는 징벌이다.

• 조너선 스위프트Jonathan Swift, 《걸리버 여행기*Gulliver's Travels*》, 1726: 4부 《후이넘 나라 여행*A Voyage to the Houyhnhnms*》, 7장.

힐데가르트 폰 빙엔

중세 저자들은 흔히 (다른 질병과 함께) 체액성 멜랑콜리를 원죄와 결부시킨다. 힐데가르트 폰 빙엔[183]에게 이보다 분명한 것은 없다.

> 아담이 신의 명령을 위반한 순간 멜랑콜리가 그의 혈액 속에 응고되었다. 이것은 삼 부스러기의 불이 꺼지고 빛이 사라질 때, 남아 있는 열기로 인해 악취 나는 증기가 뿜어져 나오는 것과 같다. 아담에게 일어난 일이 이와 같았다. 즉 그에게서 빛이 소멸하는 동안 멜랑콜리가 혈액 속에 응고되고 그곳에서 비애와 절망이 솟아올랐다. 실제로 아담이 타락할 때 악마가 그에게 멜랑콜리를 불어넣었다. 이 멜랑콜리는 인간을 미지근하게, 신을 잘 믿지 않도록 만든다.•

다행히 신이 직접 일러준 치료제가 있다. 자연에서 주어지는 이 치료제는 일반적으로 약초이고 때로는 동물 혹은 광물이다. 악마에 기인하는 이 병을 치료하기 위해 몇몇 풀과 제조법이 존재한다. 힐데가르트는 친절하게 알려준다. 열을 동반하는 멜랑콜리가 일으킨 두통에는 샐비어, 접시꽃, 올리브기름, 식초를 섞은 것이 제일이다. 이것을 통증이 있는 두개골에 바르고 감싼다. "왜냐하면 접시꽃 즙은 멜랑콜리를 용해하고, 샐비어 즙은 멜랑콜리를 건조하기 때문이다. 올리브기름은 두통이 있는 머리의 피로를 완화하고, 식초는 멜랑콜리의 공격성을 누그러뜨린다." 다른 약재도 있다. 새의 살점, 백조의 폐…….••

이렇게 중세는 불완전하고 간접적으로 알려진 고대인의 의학적 지식 위에 신학적 주석을 수놓고, 코스모스를 구성하는 상응과 유비의 네트워크를 설

• 힐데가르트 폰 빙엔Hildegarde de Bingen, 《원인과 요법*Hildegardis causae et curae*》, 1903, 143쪽.

•• 힐데가르트 폰 빙엔, 《섬세함*Subtilitates*》, VI, 2-5.

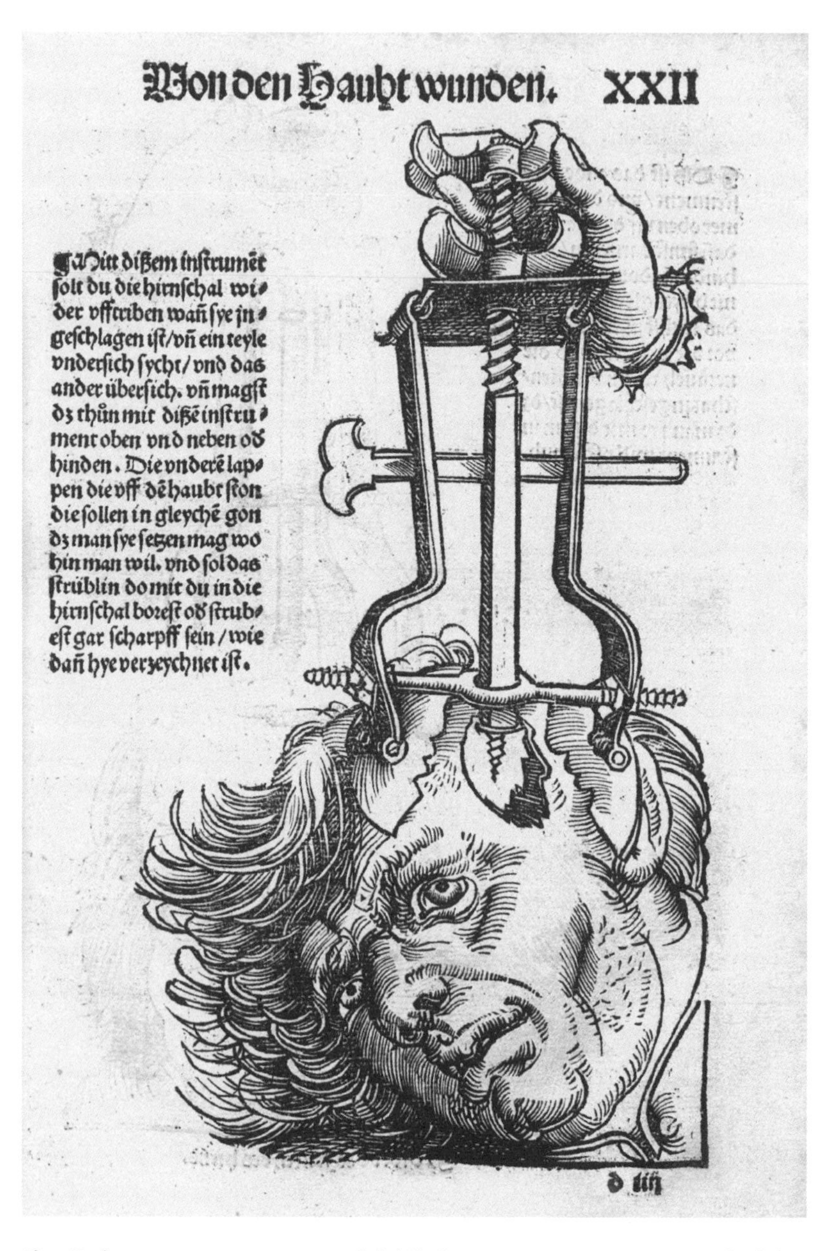

한스 폰 게르스도르프Hans von Gersdorff,《외과학 개론*Feldbuch der wundtartzney*》(1517년) 삽화, 파사우 주립도서관 소장.

립한다. 그들은 천 가지 제조법을 제시하면서 그 약들이 아주 오래된 고대의 것이라고, 아랍과 동양까지 가는 먼 곳에서 유래한 것이라고 으스댄다. 그들은 약을 팔면서 효능의 근거를 때로는 진귀한 성분에, 때로는 발명자의 경이로운 지식에, 때로는 지역 성인의 특별한 은총에 돌린다. 마지막으로 몇몇 풀은 그날그날의 기적으로부터 좋은 평판을 얻은 후 우리의 정원에서, 우리 손이 닿는 곳에서 재배된다. 또한 외과의가 멜랑콜리 환자를 치료하겠다고 나설 수 있다. 그는 뇌전증에 대한 과감한 치료와 유비를 통해•[184] 천두술穿頭術[185]을 실행하여 흑담액의 검은 체기가 빠져나갈 구멍을 뚫는다. 몇몇 마법 혹은 점성학이 첨가되어 고대에서 전해진 기법을 복잡하게 만든다. 사혈은 단순한 일이 아니다. 유기체 각 부분은 황도 12궁의 영향력 아래 있기에 사혈할 정맥을 선정할 때는 하늘의 뜻을 묻는다. 이와 더불어 달의 상도 고려해야 한다. '볼벨volvella'[186]과 같은 원형 책력을 사용하여 갈피를 잡을 수 있다. 오류 하나가 극도로 심각한 결과를 초래할지 모른다.••[187]

고대 학설은 중세 시대 모든 의학적 권위의 근거다. 그런데 거기에 우주의 정합성과 균형을 보강하려는 이본, 주석, 사변이 덧붙여진다. 이 우주에 빈틈이 없기를 바라는 것이다. 검증 불가능한 만큼 매력적인 주장들이 명백한 진리를 자임한다. 목적은 단 하나, 소우주를 대우주와 연결하는 유비를 공고히 하는 것이다.••• 경이로운 개념적 건축은 한참 후 르네상스에 이르러서야 완성될 것이다. 이 건물이 가장 조밀한 구조를 얻게 되면 세계의 모든 현상이 상상적 상응의 다성성多聲性 속에서 서로를 지시할 것이다.

• 살바토레 데 렌치Salvatore De Renzi, 《살레르노 문집*Collectio Salernitana*》, 2권, 1852-1859, 698쪽.

•• 해리 보버Harry Bober, 〈《베리 공 기도서》의 황도대 축소판The zodiacal miniature of the *Très Riches Heures* of the Duke of Berry. Its sources and meaning〉, 《바르부르크와 코톨드 예술학교 학술지*Journal of the Warburg and Courtauld Institutes*》, 11, 1, 1948.

••• 작슬, 《강의*Lectures*》, 1권, 1957, 58쪽부터.

아프리카인 콘스탄티누스

다른 한편 중세가 통념과 '토포스topos'[188]의 시대라는 것을 잊지 말아야 한다. 이 시대에 주제는 저자에서 저자로 전수되고 재사용된다.[•][189] 멜랑콜리 치료에 대한 정보를 얻으려고 중세 문헌을 넘겨보면 인간에 대한 체액론적 접근이 똑같이 시도될 뿐 아니라, 사실들이 똑같이 분류되고, 제조법이 저자에게서 저자로 그대로 전사되며, 언제나 똑같은 일화가 거론되는 것을 보고 놀라게 된다. 중세 텍스트에서 중요한 관념을 발견하면 거의 언제나 고대에서 연유한 것이다.

이러한 예로 문헌 하나를 분석해 보자. 이 문헌의 공로는 고대 전통을 아랍의 성과로 풍부하게 만들어 중세에 이식한, 아마도 첫 작업이라는 것이다. 나는 아프리카인 콘스탄티누스[190]의 《멜랑콜리*De melancholia*》[••]를 말하고자 한다. 이 책은 명확한데다가 재미있고, 이후 흔히 벌어질 마법과 악마학의 오염에서 벗어나 있다. 이 저작은 고대 후기[191]의 학문과 기독교적 중세를 잇는 매우 귀한 연결점이다.

아프리카인 콘스탄티누스는 1부에서 멜랑콜리 질환의 여러 유형을 기술하고 그 증상과 원인과 분류를 논한 다음, 바젤 대형 판본으로 2절판 9쪽 반 분량의 2부에서 자신의 치료 지침을 밝힌다.

멜랑콜리는 생활 방식에 따라 많은 것이 바뀐다. 말년을 몬테카시노[192]에서 보낸 콘스탄티누스는 이 질환이 몇몇 정신적 혹사로 발병한다는 것을 잘 안다. 멜랑콜리는 특히 수도사와 은둔자를 병들게 한다. "연구는 박식을 요구하고, 기억력은 혹사되며, 지성의 감퇴가 염려되기 때문"이다. 약으로는 잘 치료되지 않기에 환자의 생활 방식을 조정해야 한다. '파르마키아pharmacia'[193]

• 중세 문학의 통념에 대해서는 다음을 참고하라. Cf. 에른스트 로베르트 쿠르티우스Ernst Robert Curtius, 《유럽 문학과 라틴 중세*Europäische Literatur und lateinisches Mittelalter*》, 1948.

•• 아프리카인 콘스탄티누스Constantinus Africanus, 《저작집*Opera*》, 1536-1539, 283-298쪽.

처방은 물론이고 ("여섯 가지 비자연적 것"[194]으로도 불리는) "여섯 가지 필수적인 것"을 수정하고 조절한다. 다음과 같다.

1) 공기

2) 음식과 음료

3) 정체[195]와 배출

4) 운동과 휴식

5) 잠과 기상

6) 영혼의 정념

이성을 위험에 빠뜨리고 위협하는 멜랑콜리의 경우, 엄밀한 의미의 치료 앞에 준비 기간을 둔다. 이 기간에 가장 시급한 것, 다시 말해 급성 증상에 대처하도록 노력하며, 그런 다음 "부패한 물질"을 배출하여 그것이 머물던 부위를 정화한다. 다시 말해 멜랑콜리의 "가공할 증상"은 지체 없이 해결을 시도하여 없애야 한다. 거짓 의심, 왜곡된 상상력은 합리적이고 재미있는 말로 유연하게 해소하자. 다양한 음악('cum diversa musica')과 가벼운 향이 나는 맑은 포도주('cum vino odorifero claro, et subtilissimo')를 활용하여, 환자의 정신에 "뿌리내린" 관념을 제거하자. 다음으로 병의 부위가 머리라면 환자를 삭발시키고 여성과 암탕나귀의 젖을 머리에 바르자. 재채기유발제로 뇌를 정화하는 것을 잊지 말자. 여성의 젖은 여기에서도 유용하다. 병의 소재지가 늑하부일지라도 머리를 보살피는 것을 소홀히 하지 말라. 어쨌든 병은 몸의 윗부분으로 상승하게 되어 있다. 히포콘드리아 형태[196]의 멜랑콜리라면 섭식을 개선하고 소화가 잘되도록 돕는다. 멜랑콜리 체액은 건조하고 차갑기 때문에 수분이 많고 미지근한 식사를 처방해야 한다. 신선한 생선, 잘 익은 과일, 새끼 양고기, 닭, 모든 종류의 어린 암컷 동물 등이 있다. 예전 갈레노스의 방법처럼 늙고 무거운 육류, 참치, 고래는 금한다. 콩은 어떤 종류든 복부팽만을 악화시키기에 해로운 것으로 취급한다. 희석된 가벼운 술을 적극 추천한다. 이런 술은 부드러운 열기로 영혼을 즐겁게 할 것이다. 가능하다면 집이 동향이어서 동풍을 맞으면 좋다. 미지근한 목욕은 큰 효과를 볼 것이다. 여름에는 찬물을 사용해도 좋다. 약간의 운동, 특히 동틀 무렵 건조하고 향기로운 장소에서 산책하는 것은 매우 효과적이다. 몸이 보강되어 배출할 물질을 더 잘 밀어내기 때문이다. 다시 말해 대변, 소변, 땀이 더 쉽게 제거된다. 운동으로 유발된 피로는 더운 목욕으로 해소하고, 그런 다음 따뜻하고 수분이 많은 방향제로 몸을 문지른다. 정체와 배출 문제에 대해 콘스탄티누스는 모든 하제를 고려한다. 성교도 배출의 한 형태다. 콘스탄티누스는 에페소스의 루포스의 권위를 앞세워 성교를 권한다. 심하게 골난 동물이 교미 후에 온순하고 얌전해지는 것을 모르는가? 오래 자면 효험을 볼 수 있다. 고질적 불면증이 있다면 안마, 족욕, 두개골 마사지가 취침을 돕는다. 무엇보다 병을 초기에 치료해야 한다. 긴 시간 방치되어 축적된 흑담액은 배출하기 까다롭기 때문이다. 그것은 진한 침전물이며, 높은 밀도의 무거운 물질로 이루어진 불순물이다. 어떤 요법도 잘 통하지 않는 만성적 형태의 멜랑콜리는 학문, 식탐, 부패한 음식에서 유래한다.

흑담액을 배출하고 소화하고 용해하려는 목적에서 약제를 권장한다. 시럽, 약초 탕약의 효과는 특히 허브, 담황색 미로발란[197], 아몬드, 피스타치오를 가미한 헬레보루스, 스카모니아, 계수나무 열매, 콜로신트, 대황에서 나온다. 아프리카인 콘스탄티누스의 처방 중 하나는 다음과 같다. 이 처방이 흑담액의 부식성 특성이 작용한 상당히 복합적인 증세를 위한 것임을 염두에 두자.

> 흑담액 배출, 멜랑콜리, 고름딱지증, 옴, 악성 종양, 원인이 흑담액에 있는 뇌전증에 효과적인 약초 탕약은 아래와 같다.
>
> 타임, 사프란, 검고 흰 헬레보루스 각 50드라크마[198]
>
> 더운 물 10리브라.[199]
>
> 가열하여 3분의 1로 졸인 다음, 걸러서 솥에 넣고 설탕 감초 반죽과 농축 포도주 총 7리브라를 첨가한다. 가열하면서 거품을 걷어내 액체의 상태를 잘 관리한다.
>
> 이렇게 만든 것 5운키아[200]를 아몬드 기름과 함께 마시게 한다. 환자가 변비를 겪는다면 스카모니아 1스크루풀룸[201]을 첨가한다.

헬레보루스를 뺀다면 아주 훌륭한 아페리티프[202] 제조법이다.

르네상스

르네상스는 멜랑콜리의 황금기다. 마르실리오 피치노[203]와 피렌체 플라톤주의자들[204]의 영향 아래 멜랑콜리 기질은 시인, 예술가, 위대한 군주, 특히 참된 철학자의 거의 독점적인 전유물로 등장한다.•[205] 멜랑콜리에 시달렸으며 게다가 토성의 기운 아래 태어난 피치노는《삶에 대한 세 권의 책*De vita libri tres*》에서 문인을 위한 삶의 기술 일체를 공포했다. 그는 멜랑콜리의 이로운 영향을 이용하는 법을, 멜랑콜리에 줄곧 수반되는 위험을 물리치는 법을 가르친다. 우리는 멜랑콜리의 음악요법을 다루는 장에서 피치노의 주장을 자세히 살필 것이다.

파라켈수스[206]와 같은 대담한 혁신가들은 정신을 직접 변형시키는 치료법을 고안한다.•• 파라켈수스는 멜랑콜리 상태를 치료하기 위해 흑담액 배출제가 아니라 "웃음을 일으키는 약"을 사용한다. 이렇게 유발된 웃음이 과도하다면 의사는 "비애를 일으키는 약"을 써서 균형을 회복한다. 이런 효과를 얻고자 하는 자는 반드시 '제5원소quintae essentiae'[207]의 모든 힘을 동원해야 한다.

• 마르실리오 피치노와 그의 영향에 대해 다음을 참고할 수 있다. 레몽 마르셀Raymond Marcel,《마르실리오 피치노*Marsile Ficin*》, 1956; 앙드레 샤스텔André Chastel,《마르실리오 피치노와 예술*Marsile Ficin et l'art*》, 1954; 다니엘 피커링 워커Daniel Pickering Walker,《피치노에서 캄파넬라까지 영적 마법과 악마 마법*Spiritual and Demonic Magic from Ficino to Campanella*》, 1958; 파울 오스카르 크리슈텔러Paul Oskar Kristeller,《마르실리오 피치노의 철학*The Philosophy of Marsilio Ficino*》, 1943. 마르실리오 피치노의《전집*Opera omnia*》은 바젤에서 1576년 출간되었다(총 2권). 더 자세한 것은 손다이크의 두꺼운 저작을 참고하라. 린 손다이크Lynn Thorndike,《마법과 실험과학의 역사*A History of Magic and Experimental Science*》, 1923-1958. 또한 파노프스키와 작슬을 보라. 파노프스키·작슬,《뒤러의 '멜랑콜리아 I'》.

•• 테오프라스투스 파라켈수스Theophrastus Paracelsus,《이성을 박탈하는 병*Von den Krankheiten, die der Vernunft berauben*》, in《전집*Sämtliche Werke*》, 1부, 2권, 1930, 452쪽.

알브레히트 뒤러, 〈멜랑콜리아 I Melencolia I〉(1514년), 뉴욕 메트로폴리탄미술관 소장.

파라켈수스는 "기분을 즐겁게 만들고, 모든 비애를 내쫓고, 지성을 비애로부터 해방시켜 자유롭게 전진하도록 하는" 약의 목록을 다음과 같이 제시한다.

마시는 황금	산호석 용액	바다의 만나
예리한 경랍	현자의 안티모니	베누스의 환희
aurum potabile	cordiale grave	manna maris
ambra acuata	croci magisterium	laetitia veneris[208]

파라켈수스의 "스파기리아spagiria"[209] 요법은 오늘날 "정신약리학"[210]의 효능을 노리는 것 같다. 하지만 의도와 실제 효력 사이에 괴리가 크다.

의사 대부분은 전통의 권위를 훨씬 더 존중한다. 예를 들어 아프리카인 콘스탄티누스가 사망하고 거의 5세기 후 저작인 (라틴어로 안드레아스 라우렌티우스라고 부르는) 앙드레 뒤 로랑[211]의 《시각 보존, 멜랑콜리 질환, 카타르, 노화에 대한 논설*Discours de la conservation de la veue ; des maladies melancholiques ; des catarrhes ; et de la vieillesse*》을 보면, 고대 학설이 근본적으로는 어떤 것도 바뀌지 않은 채 조금 더 풍부하게 서술되어 있다.• 뒤 로랑은 앙리 4세[212]의 수석 의사이고 매우 박식한 사람이다. 그는 대학자는 아니지만, 시대가 의사에게 기대하는 것을 능숙하게 제공할 줄 알기에 성공을 맛본다. 그의 경력은 영광으로 가득하다. 멜랑콜리에 대한 책은 라틴어, 영어, 이탈리아어 번역을 제외하고도 1597년과 1626년 사이 10판까지 출간된다. 그는 아리스토텔레스를 진지하게 인용하고, 갈레노스와 아랍인들의 의견을 비교하며, 막 입문한 독자의 이해를 돕기 위해 애쓴다. 그가 권장하는 조치는 아프리카인 콘스탄티누

• 앙드레 뒤 로랑André du Laurens, 《시각 보존, 멜랑콜리 질환, 카타르, 노화에 대한 논설*Discours de la conservation de la veue; des maladies melancholiques; des catarrhes;et de la vieillesse*》, 1597. 영어역, 《시각 보존, 멜랑콜리 질환, 카타르, 노화에 대한 논설*A Discourse of the Preservation of the Sight; of Melancholike Diseases; of Rheumes and of Old Age*》, 1599; 셰익스피어 협회 부본, 15, 1938.

스보다 더 수가 많고 더 교묘하다. 귀족과 왕을 보살피는 이 의사는 공기 개선에 섬세한 지침을 부과한다. 의사에게 향수를 뿌리라고 할 정도다. 방을 동향으로 만드는 것으로는 충분치 않고 "방에 장미, 제비꽃, 수련을 많이 던져놓아야" 한다. 오렌지나무 꽃, 레몬 껍질, 소합향으로 향기를 더한다. 수조에 더운 물을 담아 공기 건조를 방지한다. 공기는 단지 향기만 전달하는 것이 아니라 이미지와 광선을 통과시키기 때문에 환자 주위 색깔에 주의를 기울여야 한다. 뒤 로랑은 단언한다. 멜랑콜리 환자에게 "빨간색, 노란색, 초록색, 하얀색"을 보여주는 것이 좋다. 이렇게 환자를 향기와 빛의 희열에 잠기게 한다.

음식 섭취 또한 정교하게 규제한다. 뒤 로랑과 모든 르네상스 의사에게 음식 선택의 기준은 맑음, 가벼움, 충분한 수분이 함유된 신선함이다. 이런 물리적 특성을 환자에게 주입하고 불어넣으려 노력해야 한다. 맑은 민물에 사는 생선은 먹을 수 있는 빛이기에 어두운 체액을 밝힐 것이다. 여기에 더해 신선한 달걀, 어리고 가벼운 육류, (서양지치, 알칸나, 오이풀, 꽃상추, 치커리, 홉 등) 수분을 공급하는 풀로 끓인 포타주를 권한다. "도정한 보리, 아몬드, 죽을 먹으면 부드러운 체기를 뇌로 보내는 확실한 효과를 볼 것이다." 이때 과일의 기능은 탁월하다. 특히 포도는 감미로움, 신선함, 밝음을 전부 가져다준다. 자연의 호의로, 포도에는 멜랑콜리 환자에게 그토록 절실한 온건한 배출 효과까지 들어 있다. 이후 포도요법이 우울증의 대표적 치료법으로 계속해서 쓰인다는 사실은 전혀 놀랍지 않다.

이런 식이요법이 아무리 행복해 보여도, 멜랑콜리 환자의 강한 저항을 예상해야 한다. 그에게는 회복하려는 의지가 없기 때문이다. 더 심각한 문제는 그가 자신의 병에 집착한다는 것이다. 이 기묘한 도착 때문에 그는 "거칠고 어둡고 음울하고 악취를 풍기는 공기"를 사랑한다. 그는 그런 곳에서 만족을 얻고 "어디에서든 그것을 쫓는다". 게다가 그는 "이 음울한 공기"를 찾아다니는 것에 그치지 않는다. 여러 저자가 멜랑콜리 환자의 입에서 "멜랑콜리 체기"가 뿜어져 나온다고 확신한다. 흑담액은 휘발성 형태로 환자를 감싼다. 몇몇 저자는 전염을 염려한다. 이 체기의 밀도가 아주 높다면 건강한 사람이 호흡만으로 꽤 큰 위험에 처할 수 있다. 이런 생각에 동조하는 바니니[213]는 어느 신중한 독일인의 사례를 인용한다. 이 독일인은 성주간[214] 동안 집에서 기도를 올렸다. 회개하려는 신자가 몰려들면 그들에게서 발산된 멜랑콜리 체기를 다량으로 들이마시게 될까 두려웠기 때문이다.• 바니니는 덧붙인다. "이것이 놀랄 일인가? 미친개가 물어뜯은 나무 밑에 누우면 마찬가지로 미친다는 것을 경험으로 확인하지 않았는가?" 이것은 마법적 믿음도, 신비의 작용도 아니다. 환자가 퍼뜨리는 독성 물질의 힘은 해로운 영향을 준다. 병이 입김과 냄새로 전염된다.

뒤 로랑은 멜랑콜리 환자가 병의 극단적 증상인 짐승 같은 고독에 침잠하지 않게 하는 방법으로 대화, 재미있는 이야기, 음악을 권장한다. 환자가 사회적 존재와 대화하고 말을 섞도록 강제하는 것이 중요하다. 주변 사람들은 그를 배려하는 것과 매몰차게 대하는 것을 능숙하게 혼용할 줄 알아야 한다.

> 멜랑콜리 환자를 혼자 두어서는 안 된다. 그가 좋아하는 누군가를 항상 곁에 두고, 때로는 알랑거리면서 그가 원하는 것 일부를 들어주어야 한다. 그래야 본성상 저항적이고 완고한 기질이 사나워지지 않을 것이다. 때에 따라 그의 미친 상상을 나무라기도 하고, 그를 비난하기도 하고, 소심함을 모욕하기도 하고, 최대한 안심시키기도 하고, 행동을 칭찬하기도 해야 한다.

이런 정신요법은 아미앵의 자크 뒤부아[215]의 방법과 비교할 때 세련되고 온화한 것처럼 보인다. 덜 학구적이고 아마도 더 경험 있는 뒤부아는 우울증에 따르는 자살의 위험을 알고 있었다. 뒤 로랑이 유쾌한 동무를 두라고 조언하는 것과 달리, 뒤부아는 대개 건장한 보호자를 활용한다. 멜랑콜리 환자에게서 무기를 압수하고 그가 창가에 다가가지 못하게 해야 한다. 그들이 타인

• 루칠리오 바니니Lucilio Vanini, 《필멸하는 존재들의 여왕이자 여신인 자연의 비밀에 대한 대화*Dialogi de admirandis naturae reginae deaeque mortalium arcanis*》, 1616.

과 자신을 공격할 기색을 보이면 결박하고 구타한다.• 부드러운 방식과 강한 방식이 대조된다. 감각적 인상을 섬세하게 변화시켜 교묘하게 배치하는 수단과 폭력적 수단 사이의 이러한 대조를 앞으로 종종 관찰하게 될 것이다.

르네상스 의사들이 약리학적 치료에 대해 거의 만장일치로 합의한 점은, 크게 보아 세 유형의 약을 처방한다는 것이다. 부패한 체액을 내보내는 '배출제évacuatifs', 흑담액 침전물을 용해시키고 부드럽고 축축하게 만드는 '변질제altératifs', 보양과 강심 효능으로 환자에게 활력과 기쁨을 돌려주는 '강장제confortatifs'를 조합한다. 세 범주의 약제 각각에 무한히 다양한 제조법과 처방법이 있다. 배출제는 이런 것들을 포함한다. 하제, 구토제, 사혈, 여러 종류의 부항컵, 배액관, 거머리, 재채기유발제……. 세부적으로 많은 것을 변경할 수 있지만, 그래봐야 완전히 사소한 것들이다. 반면 치료 원리 자체는 변하지 않는다.

멜랑콜리 환자의 불면증에 대해 뒤 로랑은 놀라울 정도로 많은 약을 열거한다. 대개 약초와 무해성 향료다. 하지만 그 사이에 양귀비가 끼어 있다. 뒤 로랑은 파라켈수스의 가깝거나 먼 제자인 "화학자들chymistes"[216]이 제조한 '라우다눔'[217]을 안다. 이 물질의 사용은 위험하기 때문에 조심하고 또 조심해야 한다.

> 이 모든 마약성 약제를 내복할 때에는 많은 분별력을 기울여야 한다. 불쌍한 멜랑콜리 환자에게 휴식을 주려다가 그를 영원한 잠에 빠뜨릴까 두렵다.
>
> 이런 까닭에 우리가 선호하는 수면제는 머리에 바르는 미세한 가루약("머리 가루약"[218]), 목욕 그리고 모든 해로운 발산물을 몸의 말단으로 끌어내는 족욕이다. 또한 연고와 방향제는 안전하게 사용할 수 있으며, 심장이나 이마 위에 "습포제", "약초머리띠"를 둘 수 있고, 방향제와 "향료 사과"[219]를 조제할 수 있다.

• 자코부스 실비우스(아미앵의 자크 뒤부아)Jacobus Sylvius(Jacques Dubois d'Amiens), 《의학 저작집*Opera medica*》, 1630, 413쪽.

향료 사과를 직접 만들어 쓰는 것이 가능하다. 사리풀 씨, 만드라고라 뿌리껍질, 독당근 씨 각 1드라크마, 아편 1스크루풀룸, 만드라고라 기름 약간을 준비하여 푸마리아와 셈퍼비범 즙에 섞어 사과를 만든다. 이 향을 맡으면 곧장 잠들게 될 것이다. 용연향龍涎香[220]과 사향麝香[221]을 첨가하여 조정할 수 있다.

이렇듯 멜랑콜리 환자의 약방은 잘 갖춰져 있다. 그가 자신을 치료하려 한다면 천 개의 약단지와 약병을 사방에 정리해 두어야 할 것이다. 뒤 로랑과 버턴 덕분에 그는 아마도 여러 제조법을 배우게 될 것이다. 시럽, 물약, 큰 환약, 알약, 절임, 연고, 반죽, 탕약, 엘릭시르[222], 당의정, 연약煉藥[223], 크림……. 약이 이렇게나 많은 것은 멜랑콜리 증상의 다형태성에 따른 결과일 뿐이다. 그토록 변화무쌍한 병에는 복합 치료제가 필요하다. (1608년 베르가모에서 출판된) 《인간을 최상의 상태로 변화시키는 마법*La magia trasformatrice dell'uomo a miglior stato*》에서 프란체스코 제로자[224]가 제안하는 멜랑콜리 약에는 95개 이상의 성분이 들어간다! 멜랑콜리는 군단으로 나타나 피해를 끼친다. 그러니 약으로 팔랑크스[225]를 만들어 맞서야 한다.

이 중 몇 가지 약은 이름만으로 그것이 노리는 쾌락 유발 효과를 예고한다. 'Confectio laetificans', 즉 환희의 가루약을 예로 들 수 있다. '보석 연약 électuaire de pierres précieuses', 마시는 황금, 위창자돌[226]과 같은 몇몇 약재는 우리의 상상력을 사로잡고, 진귀한 재료 속에 이로운 효능이 반짝거리는 것 같은 효과를 낸다. 버턴이 제공하는 방대한 목록을 넘겨보라. 멜랑콜리 요법의 무기고가 우주의 모든 부분에서 동원된 자원으로 채워져 있음을 알게 될 것이다.

약이 이렇게 풍부하다는 사실이 멜랑콜리 환자를 안심시키고 그에게 힘을 불어넣는다. 그는 자신이 치료와 보호를 받고 있으며 자신을 위해 적절한 대비책이 강구되어 있다고 느낄 것이다. 이로써 그는 호의적인 만큼 가진 것도 많은 자연의 이미지를 발견한다. 르네상스 의사들은 약품의 수를 늘리면서까지 멜랑콜리 환자에게 탁월한 다양성과 고갈되지 않는 생산성의 스펙터클을 제공하려고 애쓴 것처럼 보인다. 멜랑콜리 환자의 단조로운 존재 방식, 자신의 빈곤과 불모성에 대한 확신을 떨치지 못하는 존재 방식에는 이것이 하나의 은혜이지 않을까? 치료사가 실제로 그런 생각을 하지 않았다 해도, 다중약물요법과 다중처치요법은 방대한 우주의 보물을 멜랑콜리 환자의 낙심한 빈궁에 대조하며 일종의 정신적 해독작용을 실행했다. 세계는 네 생각만큼 좁지도, 비어 있지도 않다!

체기

뒤 로랑은 고립된 존재가 아니다. 그는 책으로 알게 된 지식을 편집한다. 또한 이 지식은 다른 사람들도 가르치는 것이고, 이후 세대는 그들 나름대로 그것을 취할 것이다. 동일한 치료 지침이 장 페르넬•[227], 티머시 브라이트••[228], 펠릭스 플라터•••[229]에게서 발견된다. 17세기의 위대한 표절자들은 아무것도 바꾸지 않는다. 멜랑콜리를 논하는 수없이 많은 박사논문 저자들은 스승의 학설을 보존하려고 애쓴다. 부르하버[230]는 멜랑콜리의 체액론적 이해를 유지한다.•••• 원인이 동일하게 전제되어 있으니 치료 절차가 변함없이 동일하다고 해서 놀랄 일은 아니다.

루이 15세의 고문이자 시의로서 책 한 권 전부를 '체기'에 대해 쓴 롤랭[231]의 말을 들어보자.•••••[232]

• 장 페르넬Jean Fernel, 《의학 대전*Universa medicina*》, 1567.

•• 티머시 브라이트Timothy Bright, 《멜랑콜리 논고*A Treatise of Melancholy*》, 1586.

••• 펠릭스 플라터Felix Platter, 《실천*Praxeos, seu de cognoscendis, praedicendis, praecavendis, curandisque affectibus homini incommodantibus tractatus*》, 1602-1603; 《질환 관찰집*Observationes in hominis affectibus plerisque*》, 1614.

•••• 헤르만 부르하버Herman Boerhaave, 《실용의학*Praxis medica*》, 1728.

••••• 피에르 폼므Pierre Pomme 박사의 책《남성과 여성의 체기 질환에 대한 논고*Traité des affections vaporeuses des deux sexes*》(1763)는 19세기 초까지 여러 번 재출간되었다.

멜랑콜리는 언제나 혈액 속 장액漿液[233]과 이 액체의 맑은 부분이 소실된 결과로 나타난다. 운반체가 제거되면 혈액순환은 지체될 수밖에 없다. […] 멜랑콜리를 유발하는 물질이 복부 내장에 응고되면 보통은 정신에 영향을 미쳐 고뇌와 근심을 일으킨다. […] 이런 증상을 일으키는 울혈 물질은 보통 진하고 끈적이며 없애기 어렵다. 그것은 머지않아 병의 전체 상황 동안 지속될 특성을 갖게 되거나 이미 가진 후다. 즉 그 물질은 산성이거나 산패 상태다. 우리는 위나 입에 가해지는 자극을 통해 혹은 트림의 성질을 통해 이 상태를 분간한다. 트림을 많이 해보면 보통 그 향은 둘 중 하나다. […] 멜랑콜리의 원인은 다양하기 때문에 원인에 따라 다른 요법이 요구된다. 트림이 산성이라면 신물질을 분리하여 없애는 약을 쓴다. 트림에서 썩은 내가 난다면 산성 물질을 쓴다. […] 신 트림을 할 때 향쑥 염鹽[234], 쥐오줌풀[235]과 용담의 뿌리, 그리고 같은 성질을 가진 식물을 넣은 비누[236]만큼 적합한 것은 없다. 또한 아위제[237], 오포파낙스[238] 수지, 갈바눔[239], 사가페눔[240], 유향 등 자극 없이 용해시키는 고무 물질을 사용하여 효과를 본다.•

트림이 얼마나 정교한 정보를 주는지! 고전적 멜랑콜리 이론에 "검사" 한 가지가 추가됐지만 바뀐 것은 거의 없다. 그럼에도 불구하고 롤랭 요법의 개성이라면 구토제나 하제보다는 더 절제되고 더 확실하게 작용하는 "변질제altérants"와 "용해제délayants"를 선호한다는 것이다. 구토제와 하제는 해로울 수 있다. 이런 약들은 "병을 일으키는 끈적이는 점착성 물질을 훨씬 많이 흩뜨려서 늑하부 작은 맥관에 더 많이 쌓이게 한다. 그런데 극도로 연한 이 작은 맥관들이 과한 힘을 받으면 맥관이 끊어지고 치유하기 어려운 울혈이 생길 위험이 있다". 당신이 환자에게 하제를 준다면 흑담액으로 인한 경색梗塞[241]과 반상출혈斑狀出血[242]을 조심하라! 특히 롤랭의 여성 고객은 그의 이런 신중함

• 조제프 롤랭Joseph Raulin, 《여성의 체기 질환에 대한 논고*Traité des affections vaporeuses du sexe*》, 1759, 384-385쪽.

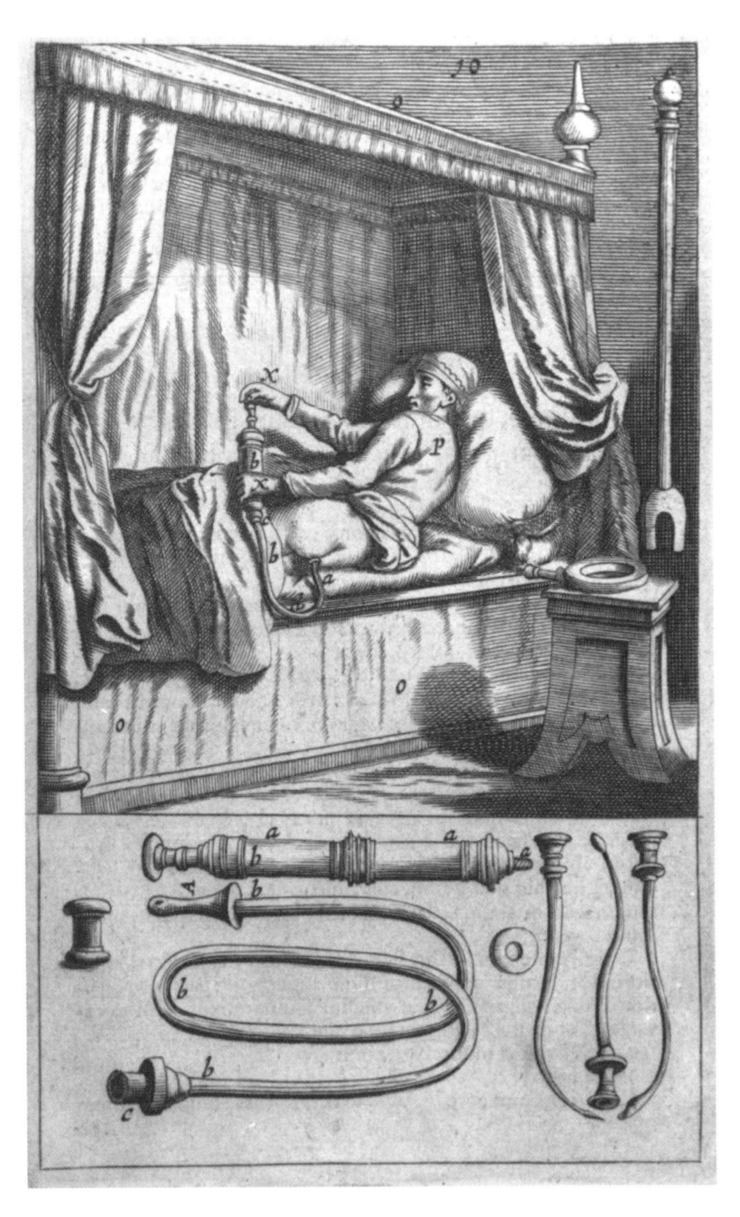

요하네스 스쿨테투스Johannes Scultetus, 《외과 설비*Armamentarium chirurgicum*》(1671년),
파리 시테대학도서관 소장.

에 감사할 만하다. 이 외에도 그는 수분을 공급하는 옛 요법들이 여전히 유효하다고 평가한다. 즉 목적은 멜랑콜리의 무거운 퇴적물을 액화시킴으로써 밑으로 배출시키지 않고 유연하게 만드는 것, 농축된 점액질 체액에 부족한 장액을 공급하는 것, 폐쇄된 맥관을 부드럽게 열어주는 것이다. 관장을 지그시 실행한다면 경이로운 결과를 얻을 수 있다.

잔존

흑담액 이론이 오래 생존했다는 사실에 놀랄 필요 없다. 그 이유가 학문적 관성, 근시안적 순종, 비판 정신의 부재만은 아니다. 흑담액은 우리가 멜랑콜리와 멜랑콜리 상태의 인간을 통해 직접 경험한 것이 이미지로 압축된 것이다. 과학이 정교한 해부학과 화학의 방법으로 무장하여 흑담액이 머릿속 관념일 뿐임을 입증할 때까지, 검은 체액은 몸에 대한 근심에 지배되고 비애에 짓눌리며 능동성과 활동이 결여된 존재에 대한 가장 만족스럽고 가장 종합적인 표상이었다. 오늘날에도 상징과 표현으로서 흑담액 이미지의 적합성을 인정하지 않을 수 없다. 우리는 아직 이러한 지각 방식을 완전히 포기하지 않았다. 아마도 그것이 기본적 직관에 부합하기 때문일 텐데, 현상학적 분석을 더 진행하면 이 직관의 타당성을 입증할 수 있을 것이다. 순환이 지체되어 어두운 체기를 내뿜는 진하고 무겁고 검은 체액의 이미지를 꼭 사용하지 않아도, 우리는 멜랑콜리 환자의 몸짓이 '음울하다terne'고, 그의 운동 기능이 '질척거린다englué'고, 그가 '어두운noir' 생각에 사로잡혀 있다고 말한다. 우리는 이런 식으로 은유에 의지하고 있음을 자각함에도, 체액론에서 문자 그대로의 뜻으로 동원되어 흑담액의 물리적 속성을 규명하는 말들과 차별화되는 용어를 쉽게 찾아내지 못한다. 흑담액은 자신이 은유라는 것을 모르는 은유이고, 그래서 자신을 경험적 사실로 내세우는 은유다. 다시 말해 상상력은 반증되지 않는 한 멜랑콜리의 '물질matière'이 있다고 믿으려 한다. 상상력은 실체적 의미를 어쩔 수 없이 포기한 후에야 비유적 의미의 존재를 인정한다.

고전적 멜랑콜리 요법의 알레고리적 가치를 생각해 보면 왜 그것이 그토록 오래 신뢰되었는지 이해할 수 있다. 이런 치료는 상상력에 매우 중요한 만족을 제공한다. 하제를 쓰는 것은 '해방libération'의 몽상을 구체적으로 실현하고, "강장제"는 몸을 '되살리며restaurer', 용해제는 인체 내 체액의 '통일성homogénéité'을 복구하고, 안마와 마사지는 사지를 '온순하게 만든다assouplir'. 이 모든 작업 각각은 정신적 등가물을 가지며, 어쩌면 정신적 등가물을 유도한다.[243] 우리의 근대 정신요법은 과거 치료사들이 몸의 차원에서 획득하려 한 효과와 유사한 것을 '자아'의 차원에서 실현하겠다고 나선다. 옛 치료사들은 병의 물질적 원인에 개입한다고 믿으면서 부지불식간에 심리적 치료를 수행하고 있었다. 그들은 오로지 몸만 문제시하면서도 환자의 감성을 지속적으로 유인했다. 배출제, 용해제, 강장제를 사용해서 사실상 환자가 병의 표상을 "신체화"[244]하도록, "카타르시스"[245]와 정신적 재건 과정을 몸으로 흉내 내도록 강제했다. 아마도 이 방법이 몇몇 성공 사례를 내놓았기에 한 세대에서 다음 세대로 그토록 주기적으로 전승될 수 있었을 것이다.

이 모든 것으로 어째서 흑담액 이론이 자신이 점유한 영토를 그렇게 늦게 양도하게 되었는지 설명된다. 또한 흑담액 이론으로만 정당화될 수 있던 치료법이 어떻게 그 이론보다 오래 살아남아 다른 이론의 도움을 요청하거나 자신을 순수하게 경험적인 방법으로 내세울 수 있었는지 설명된다.

《백과전서*Encyclopédie*》의 〈멜랑콜리Mélancolie〉 항목을 쓴 저자들[246]처럼 멜랑콜리 망상을 환자의 위, 비장 장애에 결부시키는 기제를 의심하는 것은 이미 과감한 시도다. 그들은 고대인들의 추론이 충분하지 않다고 생각했다. 하지만 그들은 그런 추론이 현상을 잘 설명하지 못해도 경험적 사실로는 충분한 자격을 유지한다고 보았다. 그들은 멜랑콜리 환자가 배출하는 물질이 흔히 "송진처럼 진하다"는 사실과 "많은 경우에 배출이 효과를 보았다"는 사실을 확인한다. 그들은 "우측 늑하부에서 푸르스름한 땀을 다량으로 흘린 덕에 멜랑콜리를 고친 어느 남성의" 이야기를 조금도 주저하지 않고 확실한 사실로 제시한다. 또한 "검은 소변을 다량 방뇨하고 나서 많이 진정된" 어느 멜랑콜리 환자의 증례를 아무 비판 없이 수용한다. 사실이 그렇기 때문에 하제를 통한 배출은 언제나 최선의 치료다. 헬레보루스의 효과가 한결같지 않고 위험해 보인다면 화학적 하제를 처방해서 문제를 바로잡는다. "염분이 있는 아페리티프, 초석硝石[247], 글라우버염[248], 세네트 염[249], 황산 주석[250]"이 있고, 18세기 말이 되면 여기에 감홍甘汞[251]이 추가된다.

시드넘

시드넘[252]은 히스테리[253]와 히포콘드리아의 원인을 (동물정기로 이해해야 하는) 정기精氣[254]의 장애와 부패에서 찾으며, 특히 혈액의 약화를 주목한다.• 혈액이 "변질된 액"에서 나오는 발산물을 저지하고 제어하지 못하는 것이다. 따라서 치료사는 혈액에 관심을 쏟는다. 혈액은 정기에서 생겨나므로 특히 정기를 보강해야 한다. 이에 따라 배출은 히포콘드리아 치료에서 부차적 역할만 맡는다. 너무 쇠약한 환자에게는 사혈과 하제를 철저히 금하기도 한다. 중요한 것은 환자에게 부족한 에너지를 돌려주는 일이다. 그래서 시드넘은 전통에서 많이 벗어나지 않으면서 강장요법, 특히 철분을 가장 중시한다. 흑담액에 주의하기보다 차라리 검은 체액의 적수를 보강하고 아직 건강한 부분과 힘을 모은다. 이 질환으로 혈액이 약화되고 쇠약해진다면 혈액을 더 용맹하게 만들어야 한다. 철은 감탄할 만큼 이 일에 기여할 수 있는데, 특히 자연의 손에서 나온 그대로 취할 때 그렇다. 예를 들어 철분이 함유된 샘물을 마시는 것이다. 철 외에도 혈액과 정기를 북돋는 놀라운 약인 기나피幾那皮[255]를 생각해 볼 수

• 토머스 시드넘Thomas Sydenham, 《히스테리 질환 […] 등에 대한 서한 논고*Dissertatio epistolaris […] de affectione hysterica*》, 1682. 프랑스역, in 《시드넘의 실용 의학*Médecine pratique de Sydenham*》, 1774.

있다. 또한 유즙을 섭취하면 같은 효과를 낼 수 있다.

> 젖은 매우 단순한 음식이어서 많은 다른 먹거리보다 더 완전하고 쉽게 소화된다. 따라서 필연적으로 양질의 혈액과 양질의 정기를 생산한다.•

젖이야말로 멜랑콜리 환자에게 그토록 필요한 진정과 회춘을 제공하는 이상적 물질이지 않은가? 아이의 혈액은 젖에서 나온다. "젖이 날것의 가벼운 먹거리이긴 해도 부드럽고 발삼향이 나는 혈액을 만들어낸다." (아프리카인 콘스탄티누스가 이미 같은 공상에 몸을 맡겼기에) 시드넘은 주해자로서 자연스럽게 동일한 방향으로 몽상을 연장한다.

> 여성의 젖은 가장 부드럽고 가벼우며 인간의 본성에 가장 적합하다. 저자들은 젖이 수행하는 놀라운 치료를 보고한다. 하지만 충분한 양을 마련하는 것이 어렵다.••

물론이다! 다른 모든 음식을 삼가야만 이 요법이 효과를 볼 수 있는데, 온전히 어른 한 명이 먹을 충분한 젖을 여성에게서 어떻게 얻겠는가? 멜랑콜리 환자에게는 완전한 퇴행이 요청된다. 진정으로 되살아나기 위해서는 다시 젖먹이가 되어야 한다. 이와 달리 어른에게 더 적합한, "혈액과 정기에 활기를 불어넣는" 다른 수단이 있다. 그것은 거의 매일 말에 오르는 것이다.•••[256]

이 활동은 폐와 특히 하복부 장기의 흔들림을 증가시킴으로써 다음 효과를 낸

• 앞의 책, 424쪽.

•• 앞의 책, 425쪽.

••• 후에 피넬은 비토리오 알피에리Vittorio Alfieri의 증례를 인용할 것이다. 알피에리는 종일 고삐를 잡을 때만 "멜랑콜리"를 극복할 수 있었다. 피넬, 〈멜랑콜리Mélancolie〉 항목, in 《체계적 백과사전*Encyclopédie méthodique*》, 9권, 2부, 1816.

> 다. 정체된 대변의 체액으로부터 혈액을 분리시킨다. 섬유에 생기를 공급한다. 여러 기관의 기능을 회복한다. 땀이나 변질된 액으로 방출된 자연적 열기를 북돋거나, 변질된 액을 처음 상태로 복구한다. 폐쇄를 없애고 모든 통로를 연다. 끝으로 혈액에 지속적 운동을 유발함으로써, 말하자면 혈액을 재생시키고 진정 놀라운 활기를 준다.•

시드넘은 이러한 예로 어느 영국인 성직자를 거론한다. 이 성직자는 "연구에 과도하게 열중해 기력을 탕진한 후 히포콘드리아 질환에 걸렸다. 그리고 병이 길어져 몸의 모든 효모가 부패하고 소화 기능이 전부 망가졌다". 다른 모든 치료법이 소용없을뿐더러 위험한 것으로 밝혀지고, 환자는 거의 빈사 상태가 되었다. 그런데도 승마의 효과는 경이로웠다.

프리드리히 호프만

의화학주의醫化學主義[257]에 반대하면서 낡은 체액론에도 시들했던 "체계적"[258] 의사 프리드리히 호프만[259]의 글에는 흑담액 이론이 부재하는 것처럼 보인다. 하지만 그는 고대인들이 흑담액에 부여한 지체되고 진하고 둔한 성질을 혈액에 이전할 뿐이다. 호프만에게 멜랑콜리는 '수축 상태status strictus'[260], 즉 경막硬膜[261]의 연축攣縮[262]에 기인하는 뇌의 국소질환이다.

> 경막이 조여진 결과 굴窟[263]이 좁아져 혈액의 흐름이 방해될 때, 근거 없는 비애나 공포의 여러 인상이 영혼에 나타난다. 이 인상들은 때로 절망에 이르며 지성의 장애를 수반한다.••

• 앞의 책.
•• 프리드리히 호프만Frédéric Hoffmann, 《체계적이고 합리적인 의학*La Médecine raisonnée*》, 7권,

갈레노스 이론이 내세우는 검은 체기와 그리 다른 것도 없다. 두개골 속 혈액순환 장애가 멜랑콜리와 멜랑콜리의 지체 현상을 유발한다는 사실이 단순하고 엄밀한 기제에 의해 설명된다. 또한 수분을 요구하고 필요시에는 고전적 사혈로 배출해야 하는 어떤 유기물 "액"의 점성과 진함이 다시 한번 변함없이 고발되고 있다. 그래서 흑담액이 아니라 혈액이 문제이긴 해도 치료법은 동일하다. 실제로 호프만의 새로운 이론은 신체적 설명에 의지함으로써 옛 이론과 매우 유사해진다. 호프만은 여전히 상상적 물질의 변질을 통해 병을 해석한다. 오늘날 우리는 이러한 변질이 멜랑콜리를 앓는 영혼의 상태에 대한 은유적 등가물이라는 것을 안다.

안샤를 로리

18세기는 경련 현상에 큰 관심을 기울인다. 그런데 어떻게 경련을 없애야 할까? 편안하게 시드님의 모범을 따를 수 있다. 그는 여성의 히스테리와 남성의 히포콘드리아를 하나의 병으로 간주한다. 하지만 이제 데카르트 생리학의 "동물정기"에 안주할 수 없다. 해부학자들이 신경조직을 더 잘 알게 되자 증상의 상당 부분이 신경 문제로 간주된다. 그리하여 프랑스인 안샤를 로리[264]는 1765년 출판된 저작에서 '체액성 멜랑콜리'와 '신경성 멜랑콜리'를 구분한다. 전자는 흑담액에 기인하는 것으로 현저한 소화장애로 식별한다. 후자는 "물질 없는"[265] 것이고, 체액이 아니라 고형물[266]에 결부되며 이때는 경련이 두드러진다.•[267] 신경성 멜랑콜리는 어떻게 발생하는가? 이 병의 기제는 유기체

1739-1743, 116쪽.

- 안샤를 로리Anne-Charles Lorry, 《멜랑콜리와 멜랑콜리 질환*De melancholia et morbis melancholicis*》, 1765. 로리의 의학 이론이 알브레히트 폰 할러의 피자극성 논의에 영향받았다는 것은 확실하다. 1758년 이탈리아인 프라카시니는 라이프치히에서 출판된 저서에서 히포콘드리아가 신경과 막의 조화로운 진동을 방해하는 동요라고 주장했다. 안토니오 프라카

를 구성하는 섬유에 있다. 과도한 연축은 섬유를 수축시키지만 그런 후에는 반드시 무긴장증, 쇠약, 이완, 무기력이 뒤따른다. 번갈아 일어나는 발작과 기능부전이 이렇게 설명된다. 이로부터 어떤 요법을 끌어내야 할까? 우선 유기체를 보강하고, 섬유에 적절한 '긴장tonus'을 주어 쉽게 연축되지도, 너무 힘없이 이완되지도 않게 한다. 과민증일 경우에는 기화 알칼리[268]와 같은 진정제, 완화제를 주어야 한다. 때로는 특이한 역설을 활용할 수 있다. 더 강한 연축을 거쳐 이완을 달성하는 것이다. 즉 '연축이 연축을 없앤다spamus spasmo solvitur'. 반대로 무긴장증은 강장제와 각성제로 다스려야 한다. 기막히게 고전에 박식한 로리는 전통 전체를 검토한다. 운동, 놀이, 목욕을 처방하라. 하지만 사혈과 하제까지는 시도하지 말라. 배출해야 할 것이 없기 때문이다. 원기를 회복하는 가벼운 음식, 젖, 과일, 특히 포도를 주어라. (로리는 시드넘이 혈액 보강용으로 처방한 것을 신경 보강용으로 처방하고 있다!) 신경섬유가 가장 큰 '긴장' 상태일 때는 기나피를 처방하지 말라. 기나피는 "진경鎭痙[269] 강장제"로 통하지만 긴장을 더 높일 것이다. 그래도 무긴장증이 우세하면 기나피를 과감하게 처방하라. 대화, 작업, 여행을 통해 정신에 활동성과 생기를 불어넣어라. 왜 의사들은 신경성 멜랑콜리에 잘 걸리지 않을까? 로리는 답한다. 그것은 그들이 다른 사람의 불행에 전념하기 때문이다.

회복된 건강의 이상적 상태는 일종의 "등긴장성等緊張性"[270]으로 표현된다. 그것은 유기체 전체의 조화로운 섬유 긴장 상태다. 행복, 다행감[271]이란 삶의 요구에 유연하게 적응할 수 있는 중간 정도 긴장을 뜻한다. 기생 물질을 배출할 필요는 없다. 신경성 멜랑콜리에 필요한 치료는 부드럽게 자극하는 것, 생기를 불어넣는 것이다. 또한 여러 내부 에너지를 동시에 완화하는 것, 섬세하고 망가지기 쉬운 악기의 현, 즉 유기체의 줄이 서로 화음을 이루도록 현명

시니Antonio Fracassini, 《열과 히포콘드리아 질환에 대한 병리학 소고들*Opuscula pathologica, alterum de febribus, alterum de malo hypochondriaco*》, 1758. 로리가 프랑스 피부과학의 설립자 중 하나라는 것을 기억하자.

하게 조정하는 것이다.

로리가 아편을 불신하는 이유를 납득할 수 있다. 이 약은 그에게 일종의 우울 유발제로 보였을 것이다. 왜냐하면 아편은 병으로 인한 둔화와 무긴장증을 더욱 악화시킬 위험이 있기 때문이다. 아편에 취해 잠든 후 깨어나면 무긴장증 혹은 보상성 연축이 반드시 수반된다. 이 효과를 저지하려고 다시 아편을 주면 병을 쫓으려다 더 큰 병을 불러들이게 된다. 로리가 야생 쥐오줌풀 뿌리와 같은 "강장 진경제"를 신중하게 사용할 것을 얼마나 요구하는지! ("양귀비 수액"의 효능을 아낌없이 찬양하는 시드넘은 히스테리로 인한 복통과 구토에 라우다눔을 추천한다. 하지만 라우다눔을 불안 진정제로 권장하는 것은 매우 주저한다. 환자를 너무 강력하게 진정시킬 위험을 경계하기 때문이다.)

로리의 책은 정신의학의 두 시대가 맞닿아 있는 경계다. 옛 이론 옆에 나타난 새로운 개념이 그것을 대체하는 것이 아니라 보완할 것이라고 주장하는 불확정의 순간, 여기에 이 책이 놓여 있다. 잠시 동안은 새로운 관념과 지나간 관념이 꼭 양립 불가능한 것으로 보이지 않는다. 이때는 둘을 솜씨 좋게 일치시켜 보려고 애쓰기도 한다. 임시로 그은 분리선 하나가 양측 영역을 나누고 있다. 신경성 멜랑콜리와 체액성 멜랑콜리는 대칭을 이루는 한 쌍이다. 하지만 균형은 불안정하다. 이미 영토의 반을 넘겨준 체액성 멜랑콜리는 조만간 나머지 반도 상실할 것이다.

근대

윌리엄 호가스William Hogarth, 〈난봉꾼의 일대기A Rake's progress〉(1735년),
뉴욕 메트로폴리탄미술관 소장.

새로운 개념

18세기 감각주의[272] 철학은 관념과 정념의 전개에서 지각과 감각이 결정적 역할을 맡는다는 사실을 인정함으로써 신경과 신경계에 더 큰 책임을 부여했다. 뇌와 신경의 주요 기능은 오래전부터 알려져 있었지만, 계몽주의 세기가 시작되면서 신경계통이 다른 무엇보다 중요하다는 것을 반박할 수 없게 된다. 신경계는 감각의 거대한 망이고, 인간은 이 망을 통해 자신을 인지하고, 세계를 인식하며, 그에게 전달된 인상에 반응한다. 신경과 뇌가 개인의 지성적이고 신체적인 행위를 명령한다. 정신질환은 신경 작동의 이상으로 발병한다. 흑담액과 기타 부패한 액을 거론할 필요 없이 (알브레히트 폰 할러가 생리적 현상 대부분에서 중요한 기능을 부여하려 애쓰는) 피자극성으로 정신장애를 설명할 수 있다. 옛 이론에 따르면 멜랑콜리 증상은 다른 부위에서 만들어진 체액이 뇌(혹은 "뇌실腦室"[273])를 공격한 결과였다. 즉 멜랑콜리는 뇌라는 기관과 낯선 물질 사이 갈등의 표현이다. 그래서 《백과전서》의 〈멜랑콜리〉 항목 저자는 이렇게 쓴다.

> 일반적으로 멜랑콜리의 모든 증상은 하복부와 함께 특히 상복부의 몇몇 문제로 인해 유발된다. 멜랑콜리의 직접 원인이 보통 이곳에 있다고, '뇌는 단지 교감을 통해[274] 영향받는다'고 가정할 충분한 근거가 있다.

하지만 이제 모든 것은 신경계에서 일어나고, 장애는 하나의 기관에서도 다양한 부분과 연관된다. 멜랑콜리는 감각적 존재의 병이다. 18세기 저자들은 번갈아 나타나는 감각과민과 지둔遲鈍[275]을 흔히 멜랑콜리의 특성으로 본다. 결국에는 지성적 정의가 우세하게 되어, 멜랑콜리는 '배타관념'[276]이 정신에 행사하는 과도한 지배로 규정될 것이다. 피넬의 말을 들어보자.• 멜랑콜리는 "환자가 자신의 몸 상태에 대해 내리는 '오판'이고, 이때 그는 사소한 이유로 자신이 위험에 처해 있다고 생각하며 문제가 곤란한 결과로 이어지지 않을까 두려워한다". 또한 배타관념 이론가들은 고대의 선구자 몇을 찾아내 그들의 권위에 호소한다. "아레테오스는 이렇게 말했다. 멜랑콜리는 발열 없는 질환이며, 이때 비애에 빠진 정신은 동일한 관념에 계속 고정되어 그것에 완강히 집착한다".•• 배타관념, 오판은 부차적 증상이 아니라 병의 본질이다. 이런 이유로 에스키롤과 같은 19세기 초 저자들은 체액론이 조금이라도 끼어드는 것을 막으려 애쓰고, 학문의 어휘에서 멜랑콜리라는 단어를 삭제할 것을 권한다. 그들은 이 말을 시인과 속어의 영역으로 추방한다. 그들은 신어를 만드는 것이 최선이라 믿는다. '비애 단일광單一狂'[277]이나 '비애광lypémanie'[278]이 있겠다.•••

하지만 옛 체액론은 단번에 사라지지 않았다. 이 이론은 퇴각 진지에서도 꽤 단단히 버티고 있다. 병원체로서 흑담액 개념이 거부되어도 멜랑콜리 기질에 대한 관념은 보존된다. 간단히 말해 그것은 "간문맥계[279]가 우세한 특정 유형의 체질"이다. (혈액질, 담액질, 흑담액질, 점액질 등) 옛 기질 이론을 고수한 주요 책임자인 카바니스[280]는 의미심장하게도 여기에 신경질 기질과 근육질 기질을 추가한다.•••• 정신질환이 기질만으로 발생하지는 않을 것이다. 그래도 기질은 소질素質[281]을 결정하며, 물리적이고 유전적인 배경을 제공하여 그 위

• 피넬, 〈멜랑콜리〉 항목, in 《체계적 백과사전》.

•• 카파도키아의 아레테오스, in 《그리스 의사 문집》, 24권. 프랑스어 역, 《급성질환과 만성질환의 징후, 원인, 치료에 대한 논설》, 81쪽.

••• 에스키롤, 〈멜랑콜리Mélancolie〉 항목.

•••• 피에르 장 조르주 카바니스Pierre Jean Georges Cabanis, 《인간에게서 물리적인 것과 정신적인 것의 관계*Rapports du physique et du moral de l'homme*》, 1802.

에서 심리적 과정이 전개되도록 한다. 멜랑콜리가 흑담액질 기질 때문에 발병하는 것은 아니다. 다만 기질은 발병에 유리한 토양을 제공한다. 기질은 '정신적moral' 변형을 가능케 하는 '물질적physique' 토대다.

흑담액 처치가 병의 원인을 공격하는 것이라고 믿는 옛 요법이 여전히 처방된 이유가 여기 있다. 이런 치료법의 인과적 효력은 더 이상 인정되지 않지만, 그것이 소질, "토양"에 작용한다는 생각은 보존되었다. 특효가 있다고 간주된 치료제나 방법은 이런 식으로 계속 활용된다. 하지만 명목은 보조요법이었다.

고대 학설의 몇 가지 측면을 유효한 것으로 보존하려는 시도를 다른 사안에서도 볼 수 있다. 히포콘드리아 개념이 그것이다. 19세기 초 저자들은 멜랑콜리(혹은 비애광)를 배타적 망상으로 간주하고 그 원인을 정신에서 찾음으로써 멜랑콜리와 히포콘드리아를 분리한다. 반면 이들에게 히포콘드리아는 소화장애가 신체 상태에 대한 환자의 과도한 두려움과 결합한 것으로 정의된다. 히포콘드리아는 심리적 여파를 갖는 소화불량이다. 따라서 모든 것이 전통과 단절하는 것은 아니다. 몇몇 정신장애는 내장에 기인한다는 관념이 보존된다. 히포콘드리아를 기술할 때 소화불량을 원인으로 지목하지 않게 되려면 거의 반세기를 기다려야 한다. 그때가 되어서야 이 질환은 해부학적 의미의 늑하부와 인과관계를 맺지 않고 하나의 온전한 행동[282]으로 간주될 것이다. 그렇지만 19세기 저자들은 히포콘드리아 질환이 비애광에 비해 확실히 더 부차적인 문제라고 생각한다. 이 점은 시사적이다. 그들이 보기에 복부에서 유발되는 정신질환은 "뇌, 감수성, 지성에 더 직접 작용하는"(에스키롤) 원인 때문에 일어나는 혼란보다 훨씬 덜 심각하고, 그래서 훨씬 덜 중요하다.

물론 위대한 프랑스학파[283] 정신의학자들은 하제, 용해제, 소화제 등 멜랑콜리에 맞서는 모든 전통적 치료제를 수용한다. 예전에 흑담액과 싸우려고 운영한 치료법 무기고 전체를 계속 활용할 수 있다. 수 세기에 걸쳐 시행된 요법을 왜 사용하지 않겠는가? 치료법의 사용을 정당화하고 그 효과를 해명한 이론이 틀렸다 해도, 효과 자체는 별개의 문제이지 않을까? 그것을 경험적 처방으로 인정하도록 하자. 혹은 새로운 이론으로 이 치료법들을 설명해 보자. 히포콘드리아와 멜랑콜리 환자에게 하제를 처방하자. 흑담액을 내보내려는 것이 아니다. 단지 우리는 이런 환자가 일반적으로 변비에 시달린다는 것을, 그가 하제를 통한 배출 후에 호전된다는 것을 알고 있다. 이렇게 이유는 달라도 치료는 같다. 심지어 이유 없이 처방할 수도 있다. 그저 전통이 일러준다는 이유만으로, 혹은 더 나은 방법이 없을 때는 대증요법이 바람직하다는 이유만으로 그럴 수 있다. 대증요법에 많은 것을 기대하지 않지만, 그렇다고 아무것도 기대하지 않는 것은 아니다.

관찰자는 색안경을 그대로 쓰고 있다. 따라서 치료 행위가 이전 이론에 계속 지배된다고 해서 놀랄 일은 아니다. 정신질환자의 뇌에서 "부식성 체액의 유출"을 찾는 일이 계속된다. 뇌에서 "거무스름하고 끈적하고 독성 있는 물질로 가득한" 맥관이 관찰된다.• 에스키롤은 비애광의 근원이 복부에 있다고 생각하지 않지만, 그래도 횡행결장橫行結腸[284]의 하수下垂[285]와 "전위轉位"[286]를 놀랄 만큼 자주 확인한다.•• 학자들은 여전히 옛 학설에 매혹되어 있으면서도 신경성 멜랑콜리 이론을 구체적으로 뒷받침할 해부학적인 증거를, 손과 눈으로 확인할 수 있는 증거를 찾는다. 그러니 광인의 뇌와 골수에서 경도 차이를 관찰한 모르가니[287]를 증인으로 소환할 수 있어서 얼마나 다행인지! 이러한 경도차는 눈으로 확인 가능한 "신경 불균형"[288]의 거친 이미지다.

카바니스는 이 증거로 만족하고, 다음 설명이면 충분하다고 여긴다. "일반적으로 한 부분의 물렁함과 다른 부분의 단단함은 모순 관계에 놓인다. 이로써 해당 기관 각 부분 사이 장력의 부조화로부터 기능의 부조화가 즉각 설명되는 것 같다."••• 이 가설의 삶은 덧없이 짧을 것이라고 첨언해야겠다.

• 카바니스, 《인간에게서 물리적인 것과 정신적인 것의 관계》.
•• 에스키롤, 《정신질환》, 1권, 445쪽.
••• 카바니스, 《인간에게서 물리적인 것과 정신적인 것의 관계》.

피넬과 에스키롤

피넬의 글을 보면, 특히 정신적 원인을 갖는 병에 대한 이상적 치료는 환자가 겪는 '인상'을 주요 대상으로 삼아야 함에도 불구하고, 그가 거의 일관되게 옛 치료법을 사용한다는 것을 알 수 있다. 실천은 새로운 이론의 공리를 결코 즉각 따를 수 없다. 이론은 여전히 모색 중에 있고, 아직 규칙을 제정하지 않았으며, 보편적 동의를 완전히 획득하지 못했다.

아래 이야기에서 피넬이 환자를 관찰하고 치료하는 방식을 꽤 정확히 볼 수 있다.

> 1783년 10월 말, 앉은일을 하는 노동자가 나를 찾아왔다. 그의 문제는 식욕부진, 이유 모를 과도한 비애, 마지막으로 센강에 몸을 던지려는 저항하기 힘든 충동이었다. 몇몇 확실한 위장 질환 증상이 있어 완하제[289] 음료를 처방하고 며칠 동안 유장乳漿[290]을 복용하도록 시켰다. 복부가 훨씬 가벼워졌다. 그러고 나서 멜랑콜리 환자는 겨울 동안 파괴적 생각에 그리 고통받지 않았고, 여름 전후로는 아예 그런 생각을 하지 않게 되었다. 나는 치료가 완료된 것으로 생각했다. 하지만 가을이 끝날 무렵 새로운 발작이 일어났다. 어둡고 음침한 베일이 본성 전체를 뒤덮었다. 센강을 향한, 그곳에서 목숨을 끊으려는 불가항력적 충동이 솟구쳤다. […] 얼마 지나지 않아 나는 그가 음울한 계획을 실행하여 맹목적 절망에 자신을 내맡겼음을 확실한 증거를 통해 알게 되었다.•[291]

그런데 피넬은 자신의 치료를 정당화하는 위장 증상을 찾지 못했다면 어떻게 했을까? 그가 멜랑콜리 치료를 위해 줄곧 내세우는 원칙은 '정신적 치료traitement moral'[292]다. 막 인용한 이야기는 피넬에게서 "단순요법"[293]의 효능

• 피넬, 《정신이상 혹은 조증에 대한 의학철학 논고*Traité médico-philosophique sur l'aliénation mentale, ou la manie*》, 1809, 550-551쪽.

과 한계를 한꺼번에 보여주는 증례다. 이런 종류의 치료는 십중팔구 불충분하여, "생생하고 깊은 정서"를 활용하는 수단에 비해 매우 열등한 효과를 낼 뿐이다. "단단하고 지속적인 변화"를 일으키려면 정념, 습관, 감정에 작용해야 한다. 병이 심어놓은 것과 다른 감정, 다른 습관, 다른 정념을 능숙하게 불어넣어야 한다.

> 병의 원인을 파괴하지 않는다면 멜랑콜리를 근본적으로 고칠 수 없다. 따라서 반드시 먼저 원인을 알아야 한다. 가장 빈번한 원인들을 떠올려 보면 다음 사실을 알게 된다. 멜랑콜리 환자에게 지속적 변화를 일으키고, 비애에 찬 생각에 교묘한 기분전환을 제공하며, 나쁜 쪽으로 연쇄되는 생각의 방향을 바꾸려면, 그의 외부감각 전체에 강력하고 지속적인 인상을 일으키고 위생과 관련된 모든 수단을 능숙하게 조합해야 한다. 약이 꼭 필요한 사례는 그리 많지 않다.•

하지만 이런 정신적 치료는 환자의 호응이 있어야만 성공을 바랄 수 있다. 다시 말해 환자에게 일으키려는 인상을 그가 감각할 수 있어야 한다. 이런 이유로 치료를 위한 교정은 발병 초기에, 환자의 정신이 아직 어느 정도 재교육될 수 있을 때 개입해야 한다.

> 모든 시대 저자들은 일반적으로 멜랑콜리가 오래될수록 그만큼 치유가 어렵다는 사실을 확인했다. 이 관찰은 모든 신경질환에 공통적으로 적용된다. 신경질환에서 동물경제[294]는 습관의 힘에 의해 심하게 변형되는 나머지, 빈도가 어떻든 습관적으로 전에 행한 행위를 반복하는 경향을 보인다. 따라서 멜랑콜리 환자의 신체적이고 정신적인 습관을 바꾸고, 그에게 다른 경향을 형성해 주고, 새로운 차원의 변화를 통해 자신의 능력을 자유롭게 사용할 정도로 그의 영혼을 복구하고, 그리하여 결국 그의 건강을 회복할 가능성을 가장 많이 확보하

• 피넬, 〈멜랑콜리〉 항목, in 《체계적 백과사전》.

려면, 초기에 개입해야 한다.•

본질상 정신적인 병은 심리적 차원의 치료를 요구한다. 어떤 치료를 선택해야 할까? 인상을 생산하는 방법은 무한히 많다. 그중에서 효과적인 수단은 무엇일까? 환자 상태에 정확히 부합하는 수단을 찾아내는 것은 쉽지 않다. 사정을 잘 파악하여 저 방법보다 이 방법을 택하는 정교한 기법이 있을까? 인간은 타인이 그에게 일으키는 인상에 반응한다. 관건은 이 반응의 '법칙'을 아는 것이다. 그런데 이때 정신치료사는 과도한 임무를 지는 것이 아닐까? 그는 모든 것을 알아야 할 것 같다. 심리학의 모든 비밀을 소유할 뿐 아니라, 환자 각각의 개인사까지 정확히 알아야 하는 것이다. 에스키롤은 겁내지 않는다. 그는 우리가 이 임무와 즐겁게 맞설 것을 권한다.

> 단일광 연구에 천착하려는 자는 인간 정신의 진보와 운행에 대한 연구를 도외시할 수 없다. 이와 같이 이 질환과 지성적 능력의 발전 사이에는 빈번하고 직접적인 관계가 있다. 지성이 발전할수록 뇌는 더 활동하게 되고, 뇌가 더 활동할수록 단일광은 더 두려운 것이 된다. 과학의 모든 진보, 기술의 모든 창안, 중요한 모든 혁신이 단일광의 원인이 되거나 그 특성을 제공해 왔다. 지배적 관념, 일반적 오류, 보편적 신념 들도 마찬가지다. 사실이든 거짓이든 이런 것들은 사회적 삶의 각 시기에 속하는 특성을 결정한다. […] 단일광은 본질적으로 감수성의 병이고 온전히 감성에 작용한다. 단일광 연구는 정념에 대한 지식과 분리될 수 없다. 이 지식의 근거지는 바로 인간의 마음이며, 바로 그곳을 조사해야만 이 지식의 모든 섬세한 내용을 파악할 수 있다.••

에스키롤이 이로부터 도출하는 치료법은 오늘날 관점에서는 다소 한계

• 앞의 책.

•• 에스키롤, 《정신질환》, 399-400쪽.

를 가진 것으로 보인다. 그가 생각하는 정신적 의학médecine morale은 무엇보다 선의와 동정심의 발로다.

> 정신적 의학은 병의 첫 번째 원인을 마음에서 찾는다. 정신적 의학은 한탄하고, 울고, 위로하고, 고통을 나누고, 희망을 되살린다. 대개는 이것이 다른 모든 의학보다 낫다.•

그럼에도 불구하고 에스키롤은 손쉬운 성공을 약속하지 않는다. "어떤 치료를 실시하더라도 먼저 이 병이 고질적이고 고치기 어렵다는 점을 분명히 알아야 한다."•• 다시 말해 자신이 인간 마음을 완전히 안다고 자부할 수 있는 자도, 인간 마음을 확실히 바꿀 기법을 안다고 으스댈 수 있는 자도 존재하지 않는다. 그전에도 에스키롤과 같은 야심을 품은 이들이 없지 않았지만, 그들 역시 자신의 실패를 인정했다. 루소는 감각적 도덕을 꿈꾸었다. 이 도덕학은 색, 소리, 풍경 등 외부 세계의 감각적 자극을 조정함으로써 감지할 수 없을 정도로 섬세하게 인간의 행동을 제어하려 했다. 하지만 루소는 이 기획을 도중에 단념했다. 카바니스와 "이데올로그들"[295]의 열렬한 독자인 스탕달[296]은 어떤 최고의 "논리학"을 수단으로 자신의 행위를 인도하려는 몽상에 빠진다. 그에 따르면 이 논리학을 통해 자신은 물론이고 타인의 감정까지 통제할 수 있다. 이 계획은 모든 실현 가능성으로부터 아주 먼, 잠재태의 꿈으로 남을 것이다.

• 앞의 책, 1권, 465쪽.
•• 앞의 책.

"정신적 치료" 방법

"멜랑콜리 환자의 사유를 지배하고 망상을 유발하는 정념을 굴복시키려면, 그의 정신, 성격, 습관의 능력에 대한 완전한 앎에 근거하여 그를 인도해야 한다."• 피넬의 표현을 따르자면 치료사의 주된 임무는 "배타관념을 파괴하는 것"••이다.•••297

피넬과 에스키롤이 보기에 멜랑콜리 환자는 스스로 만든 관념의 희생자이자 숙주다. 이 지배관념298을 몰아내고 파괴하고 용해하고 폭파하라. 그러면 병이 지배관념과 함께 사라질 것이다. 단일광 일체는 정념, 신념, 오판 등 정신적 본성을 가지는 병리적 "핵" 주변에 형성된다. 모든 것은 망상관념에서 나온다. 프랑스학파 정신의학자들이 이 낯선 것에 부여한 이미지는 너무나 구체적이고 객관적이며 "사물화되어" 있다. 그 결과 이로부터 요구되는 조치는 과거 의사들이 흑담액에 적용한 것과 유사한 것이 된다. 배타관념의 기생이란 체액에서 흑담액 기생의 지성적 등가물이다. 19세기 프랑스 정신의학자들은 "정신적 유도법révulsion morale"을 자주 언급할 것이다. 이것은 신체적 치료법의 용어를 정신적 차원으로 이전한 것이다. (비웃음을 참지 못하는 독자에게는 적어도 초기 정신분석이 '콤플렉스'를 사물로, '카타르시스'를 실재하는 정신적 배출로 형상화했다는 사실을 환기하고자 한다.)

19세기 프랑스 정신의학자들이 멜랑콜리 환자를 음울한 억압에서 해방하고 각성시켜 고뇌에서 끌어내 그 자신에게 돌려보내려 했을 때 어떤 방법을

• 에스키롤, 《정신질환》, 1권, 472쪽.

•• 피넬, 〈멜랑콜리〉 항목.

••• 억압 수단, 특히 사슬의 폐지를 주도한 것은 이탈리아의 치아루지Vincenzo Chiarugi, 프랑스의 퓌생Jean-Baptiste Pussin과 피넬이다. 이들 덕분에 환자를 요양소에 들이는 것을 덜 꺼리게 된다. 이제 자살하겠다고 위협하는 우울증 환자를 감금할 때 전만큼 주저할 필요가 없다. 유럽에서 부유한 환자를 위한 사설 병원이 증가한다. 정신질환자에게 치료를 제공하는 의사는 전문의가 된다. 라일Johann Christian Reil이 만든 단어 "정신의학psychiatrie"이 19세기 초 등장한다. 정신의학의 "정신병원asilaire" 시대가 시작된다.

사용했는지 살펴보자. 이 검토가 우선 일화 소개에 그치는 것처럼 보여도 중요성은 그 이상이다. 우리는 아직 소박한 형태의 이런 정신요법이 약속을 지킬 능력이 없다는 것을, 다시 말해 멜랑콜리 망상을 없애거나 해소할 수 없다는 것을 안다. 그럼에도 불구하고 이런 검토를 통해 치료 행위의 몇몇 측면을 파악하고, 우울증 환자를 마주한 정신의학자가 자연스럽게 채택하는 태도 몇 가지를 있는 그대로 관찰할 기회를 얻는다. 의사와 멜랑콜리 환자의 관계가 너그러운 아량과 야만적인 혹독함 사이를 오간다는 사실을 곧 보게 될 것이다. 의사들은 중립적이고 평균적인 일상적 대화 수준에서 환자와 소통하려고 시도하다가 어려움에 맞닥뜨린다. 그러면 이들은 우울증 환자가 침잠해 있는 음울한 세계의 문을 강제로 열려고 애쓴다. 친절한 방법과 냉혹한 방법이 저마다 방어를 분쇄하고 환자의 의식에 이르는 더 확실한 효과를 보유한다고 주장한다. 예전에는 약이 광인의 신체에 효과를 내려면 복용량을 배로 늘려야 한다고 믿었다.• 마찬가지로 정신적 치료에서 의사는 희화화된 소통 방식을 사용함으로써 치료사의 주도권을 '과장하려는' 유혹을 느낀다. 언어나 평범한 방식이 통하지 않는 환자가 유별난 조치, 특히 과도하게 표명되는 호의나 권위에 더 잘 반응할 것이라 생각하는 것이다. 접근이 이토록 어렵다는 것, 이런 술수와 폭력을 쓸 수밖에 없다는 것은 이해할 만하다. 당시에는 진정한 우울증 환자만이 아니라, 오늘날이라면 이의 없이 편집형 조현병 환자로 간주될 환자를 멜랑콜리나 비애광의 이름으로 지시했기 때문이다. 강박관념, "배타적 망상"[299]은 현대 정신병리학의 명명법을 따르자면 조현성 환각 이미지일 뿐 아니라, 편집증 환자의 망상관념, 신경증 환자의 강박사고, 그리고 멜랑콜리 환자의 단일관념광[300]에 관련된다. 상관없다. 당시 멜랑콜리라는 말이 지금과 다른 더 넓은 범주였다 해도, 오늘날 멜랑콜리 환자나 우울증 환자로 간주될 사람들이 당시 정신적 치료의 대상이 되었으리라는 것에 의심의 여지가 없기 때문이다.

• 피넬은 이것을 미신으로 고발한 첫 번째 사람 중 하나다.

친절한 방법의 극단적 형태 중 하나는 선의의 기만이다. 치료사는 멜랑콜리 환자의 강박관념을 믿는 척하면서 그에게 접근한다. 그는 환자가 옳다고 동의한다. 환자는 의사가 자신을 반박하기는커녕 인정하고 친구처럼 아낀다고 느낀다. 자신을 이해하는 누군가가 있다. 그는 혼자가 아니다. 그는 자유롭게 속마음을 말할 수 있다. 이러한 공모로부터 대화가 시작된다. 물론 의사는 진심이 아니기에 이 대화는 허위다. 하지만 대화의 목적은, 환자를 어떤 행위에 끌어들인 후 이 행위가 끝났을 때 그가 자신의 망상주제였던 대상이 파괴되는 것을 자기 눈으로 구체적으로 확인하게 만드는 것이다. 이를 위해 의사는 환자의 의지를 만족시키는 동시에 그가 자신의 비합리적 행동을 포기하도록 유인하는 여러 술책을 활용한다.

교육학에 가까운 이 방법은 매우 오래된 것이다. 정신질환 전체가 단 하나의 환각 이미지, 단 하나의 잘못된 신념에 달린 것처럼 보일 때, 상상적 대상이 존재하지 않는다는 증거를 제시하려면 혹은 다른 방법이 없어 환자가 강박관념에 계속 묶여 있을지라도 그의 행동만은 바꾸도록 강제하려면, 변증법의 모든 술수와 노력을 동원해야 하지 않을까? 고대문학에서도 이런 종류의 사례를 찾을 수 있다. 한 멜랑콜리 환자가 자신의 머리가 사라졌다고 믿자 의사는 납으로 된 망토를 입혀 치료했다, 등등. 피넬과 에스키롤은 정확히 이런 사례들을 자신의 글에 기꺼이 옮겨 적는다. 그들은 이미 수없이 보고된 일화들을 옮긴다. 출처는 트랄레스의 알렉산드로스, 뒤 로랑, 자쿠투스 루시타누스[301], 페트루스 포레스투스[302], 세네르트[303], 니콜라스 튈프[304] 등이다. 이 이야기들은 전에는 결코 갖지 못한 증례로서의 가치를 가진다. 그것들은 착란의 가상에 응수하여 승리를 쟁취하는 치료의 가상과 그 효력을 전설을 통해 예증한다. 피넬이《체계적 백과사전》의 〈멜랑콜리〉 항목에 쓴 몇 대목을 읽어보자.•

• 피넬, 〈멜랑콜리〉 항목.

어떤 경우 멜랑콜리 환자는 공상적 관념에 지배되어 가장 절박한 일조차 처리하지 못한다. 그에게서 이 관념을 없애는 것은 때로 매우 시급하다. 한 멜랑콜리 환자는 자신이 죽었다고 믿었고 그 결과 먹으려 하지 않았다. 음식을 먹이려는 모든 수단이 실패했다. 아사할 위험이 감지되자, 한 친구가 자신이 죽은 척해 보겠다고 나섰다. 사람들은 환자 앞에서 친구를 관에 넣고, 잠시 후 관에 들어간 친구에게 저녁 식사를 가져다주었다. 죽음을 가장한 사람이 먹는 것을 본 환자는 그렇다면 자신도 먹을 수 있다 생각하여 친구를 모방하기 시작했다. 다른 멜랑콜리 환자는 인근에 홍수가 일어날지 모른다며 며칠 전부터 소변을 참고 버텼다. 사람들은 그가 얼른 소변을 보지 않으면 이 도시가 화마의 먹잇감이 되어 잿더미가 될 것이라고 말했다. 이 전략이 그를 설득시켰다. 멜랑콜리에 걸린 한 화가는 몸의 모든 뼈가 밀랍처럼 물렁해졌다고 생각했다. 그 결과 그는 한 걸음도 내딛으려 하지 않았다. 사람들이 튈프를 불렀고, 이 의사는 환자가 말하는 사태의 진상을 완전히 이해하는 것처럼 행세했다. 그리고 환자에게 확실한 치료제를 약속했다. 다만 튈프는 환자가 엿새 동안 걷는 것을 금지했고, 그 후에야 걷는 것을 허락했다. 멜랑콜리 환자는 치료제가 작용하여 뼈를 보강하고 단단하게 만들려면 그 시간 전부가 필요한 것으로 생각하고 지시를 정확히 따랐다. 그러고 나서 그는 두려움도 어려움도 없이 걷게 되었다.

한 남성은 자신이 구원받지 못할 것이라 생각하여 절망에 빠져 죽으려 했다. 루시타누스는 이 멜랑콜리 환자의 친구 하나가 밤에 천사로 변장하고 왼손에 불타는 횃불을, 오른손에 검을 들고 등장하도록 지시했다. 가짜 천사가 침대 커튼을 열고 환자를 깨워 신이 그가 저지른 모든 죄를 사했음을 알렸다. 전략은 성공했다. 지나치게 위축된 영혼은 평온을 되찾았고, 환자의 건강도 곧 회복되었다.

자신의 위에 뱀이나 개구리가 들어 있다고 확신하는 멜랑콜리 환자는 종종 다음과 같은 수단으로 치료했다. 의사는 그것이 사실이라고 믿는 척했다. 그러고 나서 환자가 구토하는 단지에 개구리나 뱀을 몰래 넣어두도록 했다. 이런 술책은 멜랑콜리 환자의 상상력 오류에 특효제로 작용한다.

피넬은 이런 종류의 치료를 몇 번 직접 시도했지만 성공 여부는 모호했다. 한 멜랑콜리 환자는 자신이 죄인이라고 믿었다. 피넬은 모의 법정을 열어 그에게 무죄를 선고하도록 했다. 에스키롤은 말한다. "이 전략은 성공했지만 오래가지 못했다. 부주의하게도 어느 경솔한 자가 환자에게 그가 속았다고 말했기 때문이다."• 죄의식 망상은 부주의한 개입이 없었어도 도졌을 것이다. 연극적 행위 일체를 무대에 올리는 작업이 의사의 "전략"으로 빈번하게 활용됨을 확인할 수 있다. 의사는 무대를 만들고 의상을 착용함으로써, 환자의 비정상적 세계 안에서 그와 조우하고 망상적 가상의 '대단원dénouement'이 될 큰 충격을 가한다. 그는 이 무대와 의상이 망상주제의 정확한 표상으로서 환자에게 부과되기를 기대한다. 이때 변장은 놀이가 아니다. 환자는 자신이 실재하는 중요한 사건을 목격한다고 믿어야 한다. 사람들은 그의 언어 안에서 상대역을 수행하고, 그의 준거 틀 안에서 말을 건다. 환상은 총체적이어야 성공할 수 있다. 의사는 정신이상자와 효과적으로 접촉한다는 구실로 그 자신이 연극적 각색 속에서 일종의 정신이상자가 된다. 라일은 가시적 대상이 영혼에 끼치는 영향을 말하면서 그러한 대상을 장엄하게, 위압적 의례를 통해 사용하라고 권한다. 모든 정신병원은 완벽히 돌아가는 극장을 갖춰야 한다. 극장에는 필요한 모든 소품과 가면, 장치, 무대가 구비되어야 한다. 지금의 사이코드라마[305]도 이보다 낫지 못할 것이다.

> 정신병원 직원은 연극 훈련을 철저히 받아야 한다. 그래야 순도 높은 환상으로 모든 환자의 필요에 맞춰 모든 역할을 연기할 수 있다. 그는 판사, 사형집행인, 의사, 하늘에서 내려온 천사, 무덤에서 나온 죽은 자를 재현할 줄 알아야 한다. 이런 종류의 연극에서는 감옥과 사자 굴, 처형대와 수술실까지 재현된다. 돈키호테들이 기사로 인정될 것이고, 상상적 산부들이 출산할 것이고, 광인들이 천두술을 받을 것이고, 회개하는 죄인들이 엄숙하게 사면될 것이다. 간

• 에스키롤, 《정신질환》, 1권, 475쪽.

단히 말해 의사는 환자 개인의 사례에 따라 극장과 설비를 다양하게 활용한다. 그는 본정신을 되살리고 상반되는 정념들, 그러니까 공포, 경악, 놀람, 불안, 영혼의 고요를 자극하여 광기의 강박관념을 공격한다.•

그런데 그렇게나 잘 꾸민 무대 위에서 어떻게 환자가 자신이 연기하고 있다는 것을 혹은 자신이 연극에 참석하고 있다는 것을 모를 수 있는가? 어떻게 해서든 그가 연극을 진지하게 받아들이도록 만들어야 할까? 연극을 순수한 오락으로 제공할 수는 없는 것일까? 이미 오래전부터 몇몇 의사는 연극이 강박관념을 외재화하여 구체적 이미지 속에서 파괴하는 수단이 아니라, 단지 그러한 관념을 망각케 하는 수단이라고 생각했다. 그럼에도 불구하고 일반적으로는 가능하다면 연극이 환자의 상황을 암시함으로써 그의 마음을 사로잡아야 한다고 생각했다. 예를 들어 존 포드[306]의 희곡《연인의 멜랑콜리*The Lover's Melancholy*》에서 의사 코락스는 멜랑콜리를 앓는 군주에게 여러 유형의 멜랑콜리 환자가 행진하고 춤추는 발레를 보여줌으로써 치료를 시도한다. 19세기 초 샤랑통[307]에서도 연극이 상연된다. 연극을 주도한 것은 이 요양소 재소자 중 하나였으니, 그가 바로 사드[308] 후작이다. 기관의 소장 드 쿨미에[309] 씨는 이 실험에 호의적이었다. 하지만 수석 의사 루아이에콜라르[310]는 강하게 반대했다. 그는 1808년 8월 2일 공안 장관에게 편지를 쓴다.

부주의하게도 이 병원에서는 정신이상자에게 연극을 시킨다는 구실로 극장을 만들었습니다. 그런 소란스러운 장치가 환자들의 상상력에 필연적으로 일으킬 해로운 효과를 생각해 보지도 않습니다. 사드 씨가 이 극장의 감독입니다. 바로 그가 작품을 추천하고 배역을 나누고 연습을 주관합니다. 그는 남녀

• 요한 크리스티안 라일Johann Christian Reil,《정신이상의 정신적 치료 방법 적용에 대한 장광설*Rhapsodieen über die Anwendung der psychischen Curmethode auf Geisteszerrüttungen*》, 1818(1803), 209-210쪽.

배우에게 대사 낭독을 가르치고 무대의 주요 기술을 훈련시킵니다. 공개 공연이 있는 날이면 그는 항상 수중에 상당한 입장권을 가지고서 관객 속에 섞여 그들을 극장으로 맞이합니다. 특별한 행사가 있는 경우라면 그는 심지어 직접 희곡을 씁니다. [⋯] 제 소견으로는 이러한 사태의 소란과 이에 결부된 모든 종류의 위험을 각하에게 설명하고 나열할 필요는 없는 것 같습니다. 이 일이 낱낱이 알려진다면 이토록 괴상한 폐해를 용인하는 기관을 향해 대중이 무슨 생각을 하겠습니까? 게다가 정신이상 치료의 도덕적 목적이 그러한 폐해와 양립하기를 어떻게 바라겠습니까? 환자들은 이 가증스러운 인간과 매일 소통하면서 끊임없이 그의 근본적 타락에 영향받고 있습니다. 병원에 그가 있다는 생각만으로 그와 만나지 않는 사람들의 상상력까지 요동칩니다.•[311]

다른 시도들이 계속 이어질 것이고, 다른 연출가들이 협력할 것이다. 다만 이제 의학적 감독이 간과되지 않을 것이다. 멜랑콜리 환자가 기분전환을 순순히 받아들일까? 이것은 모호한 방법이고 위험을 수반한다. 에스키롤은 멜랑콜리 환자가 희극에서 터지는 웃음을 자신을 직접 겨냥하는 비웃음으로 해석하는 것을 관찰한다. 그들은 기분이 좋아지기는커녕 화를 내고 불안을 느낀다. 이런 불편함을 경험하지 않게 해주어야 한다. 강박관념을 연상시킬 모든 것을 제거하자. 강박관념의 정화가 목적이라 해도 그것을 재현하려고 애쓰지 말자. 뢰레[312]는 연극이 멜랑콜리 환자를 그가 머물고 있는 세계와 다른 곳으로 끌어내는 수단이라고 생각한다.•• 활동성이 부족한 환자라면 무대 위에서 역할을 습득하고 활기를 얻을 수 있다. 비애에 빠진 환자라면 희극을 연기하면 된다. 무기력한 환자는 연기를 통해 강제로 더 활기찬 리듬을 배우고 쾌활함을 모방한다. 뢰레에게 연극 활동의 본질적 기능은 멜랑콜리 환자의 '박

• 다음에서 재인용. 질베르 를리Gilbert Lely, 《사드 후작의 삶*La Vie du marquis de Sade*》, 2권, 1957, 596쪽.

•• 프랑수아 뢰레François Leuret, 《광기의 정신적 치료*Du traitement moral de la folie*》, 1840, 173-175쪽.

자'를 바꾸고, 그의 시간을 효과적으로 가속시키는 것이다.

선의의 기만으로서 연극은 한낱 공상일 뿐이다. 하지만 그것은 망상적 확신을 단번에 끝장낼 수 있다는 희망을 주기에 매혹적이다. 순식간에 일어나는 치유의 기적을 위해서라면 큰 비용을 들여 공연을 제작할 가치가 충분해 보인다. 어떤 접촉도 일어날 수 없는 우울증에서 환자를 끄집어내려면 갑작스러운 격변, '드라마틱한 충격'이 필요하다. 하지만 대부분 사례에서 의사는 모든 선의에도 불구하고 헛되이 비용만 날린다. 그가 작동시키는 무거운 장치는 환자에게 어떤 것도 '말하지dire'[313] 않는다. 환자는 술책을 알아채고 비웃을 만큼 제정신이다. 피란델로[314]의 《하인리히 4세*Enrico IV*》가 이러한 사례를 제공한다.[315]

피넬이 열거하는 치료 술책들은 서로 유사하지도 않고, 같은 정도로 망상관념 해소를 지향하지도 않는다. 거론된 방법 중 상당수의 목적은 꽤 한정되어 있다. 그것은 환자가 음식을 먹도록 설득하는 등 특정 문제에서 환자의 행동을 바꾸는 것이다. 이 경우 강박관념은 공격받기는커녕 오히려 중단된 생명활동을 복구하는 긴급한 목적에 활용된다. 강박관념은 사라지기는커녕 정신적 치료의 축이 된다.

이와 더불어 지적할 점은, 환자의 망상관념을 존중하는 의사는 역설적으로 환자에게 불가능한 논리적 협력을 기대한다는 것이다. 이런저런 전략이 효과를 보려면, 환자가 토론과 설득에 기꺼이 자신을 맡긴 다음 모순율의 타당성을 인정하고 이 원칙에 철저히 복종해야 한다. 그런데 중증 멜랑콜리 환자는 그를 위로하는 추론 과정을 이해할 수 있을 때조차 자신이 이 추론의 '당사자'라고 생각하지 않고, 그래서 논리가 망상관념이 박혀 있는 영역에 이르지 못한다. 이때 망상관념이 병의 중심이나 핵이라고 믿는 것은 잘못이다. 망상관념은 병의 우연한 언어적 표출이고 우발적 표현일 뿐이다. 장애는 언어와 논리 이전에, 즉 모든 추론적 접근을 거부하는 정서의 수준에 존재한다. 피넬은 훌륭한 관찰자인 만큼 이 사실을 금방 납득한다. "함께 헛소리를 떠들면서 많은 멜랑콜리 환자의 이성을 성공적으로 되돌릴 수 있다. 하지만 환자가 자신의 의견이 호응받는 것을 보면서 그 관념이 흡족하다 느껴 더 완고하게 그 것에 매달리는 일 또한 흔히 일어난다."• 같은 이유로 그리징거는 "환자의 관념 안에 들어가" "그가 말하는 것을 낚아채 변증법적 지렛대로 삼는" 것을 단호히 만류한다.•• 게다가 피넬은 멜랑콜리 환자에게 음식을 먹이려면 이런 전략보다 코위삽관[316](혹은 코위삽관의 위협)이 더 효과적이라는 사실을 분명히 안다. "방금 인용한 모든 수단이 실패한 경우 나는 고무관을 사오게 해서 그것을 콧구멍에 삽입하여 위로 액체를 흘려보냈다."••• 구입해야 한다는 점에 주목하자. 고무관은 정신병원이 반드시 갖춰야 할 장비에 아직 포함되어 있지 않다. 고무관은 "수석 의사"의 예외적인 의견이 있어야 사용한다. 고무관 사용은 19세기 중반부터 일반화된다. 이때가 돼서야 복잡한 심리적 전략을 사용하여 환자에게 음식을 먹이는 방법이 점차 사람들의 관심을 잃는다. 피넬에게 최후의 방책이었던 관은 어느 정도 통상적인 도구가 된다.

정신적 치료 이론가들에 따르면 의사는 추론에 매달릴 필요도 없고, 환자의 지성적 반응을 끌어내는 일에만 얽매일 필요도 없다. 멜랑콜리 환자의 강박적 비애와 대립하는 더 강한 정념이나 정서를 선별하여 유발한다면 더 나은 결과를 얻을 것이다. 관건은 유발해야 하는 정서가 무엇인지 아는 것이다. 쾌적한 정서를 증가시켜야 할까? 비애에 대한 확신을 기분 좋게 잠재우고 소거할 수 있을까? 이와 반대로 멜랑콜리 환자를 몰아붙여 그를 깊은 은거지에서 밖으로 쫓아내고, 불쾌한 충격을 가하여 우울증으로부터 그를 각성시켜야 할까? 이때 치료사의 상상력은 양극단에서 만족을 얻는다. 환자를 귀여워하고 아이처럼 애지중지하고 쾌락을 이용해 길들이든지, 아니면 으르고 겁주고 가혹하게 다룬다. 중간은 없다. 이토록 무겁고 무기력한 존재인 멜랑콜리 환자를 움직이게 하려면, 그에게 어떤 변화라도 일으키려면, 그가 여러 억제[317]와

• 피넬, 〈멜랑콜리〉 항목.

•• 그리징거, 《정신질환론》, 551쪽.

••• 피넬, 《정신이상 혹은 조증에 대한 의학철학 논고》, 297쪽.

음울한 단일관념광의 수감자로 남지 않게 하려면, 극단적 정서를 이용해야 한다. 멜랑콜리 환자의 활력, 자극반응성[318], 감수성은 쇠약하다. 그에게 생기를 불어넣고 그를 움직이게 하려면 유별난 정서를 동원해야 한다.

라일과 하인로트가 멜랑콜리 환자의 감수성을 되살리고 외부 자극에 반응하도록 만들기 위해 제공하는 "정신적 수단" 목록은 꽤 흥미롭다. 특히 라일은 당시 철학의 영향이 각인된 언어로, "몸의 상태를 바꿈으로서 공통감각[319]이 영혼의 기관[320]에 이에 대한 표상을 일으키게 하고, 이를 통해 쾌나 불쾌의 방식으로 영혼을 변화시키는"• 방법을 진지하게 열거한다. 육체적 건강을 체감하면 동물적 쾌락을 느끼게 되는 것 같다. 또한 술, 양귀비 즙, "힘의 일과성一過性[321] 긴장을 유발하는" 가벼운 흥분제를 써서 동물적 쾌락을 유발할 수도 있다.•• 라일은 여기에 태양의 열기, 안마와 피부 손질, 미지근한 목욕, 기분 좋을 만큼의 간지럼을 추가한다. 그는 동물자기動物磁氣[322]를 조작하면 "피부를 부드럽게 자극하고 활력을 증대시킴으로써" 효과를 볼 수 있다고 인정한다.••• 라일은 성행위가 가장 강하고 쾌적한 육체적 감각임을 매우 잘 안다. 그는 "정신질환자에게 주저하지 않고 성행위를 처방하면서 성행위야말로 멜랑콜리 치료의 탁월한 보조제임을 단언하는" 치아루지의 논설••••을 읽었다.••••• 라일의 생각으로는 성매매 여성을 이용해 남성을 만족시키는 방법이 적절할 수 있다. 여성 멜랑콜리 환자의 상황은 임신 가능성 때문에 더 미묘하다. 하지만 임신이 여성 환자의 정신상태에 해를 끼치지는 않는다. 오히려 반대다. "몸의 두 극인 머리와 생식기관 사이 상호 관계는 주목할 만하다. 성행위와 임신으로 두 극단 중 하나가 자극되면 반대쪽 극단의 울혈이 해소된

• 라일, 《정신이상의 정신적 치료 방법 적용에 대한 장광설》, 181-182쪽.
•• 앞의 책, 183쪽.
••• 앞의 책, 185쪽.
•••• 빈센초 치아루지, 《정신이상과 그 분류*Della pazzia in genere, e in specie*》, 1793.
••••• 라일, 《정신이상의 정신적 치료 방법 적용에 대한 장광설》, 186쪽.

다."• 이에 더해 이 모든 쾌적한 감각은 배고픔, 추위, 갈증 등 고통스럽거나 불쾌한 감각이 선행할 때 상당히 증대한다. 통증유발 자극제를 미리 복용시키면 환자가 더 온순하고 이성적인 상태가 되는 특별한 이점을 누릴 수 있다. 이를 통해 적절한 치료가 그만큼 더 용이하게 실행된다. 환자에게 만족, 희망, 쾌활함, 사랑, 인정을 돌려주는 세계나 사람을 이렇게 유발된 고통과 비교함으로써 이들과의 화해를 유도할 수 있기 때문이다. 이런 수단들이 몸 전반에 작용한다면 촉각, 청각, 시각 등 특수한 감각기관에 작용하는 수단도 있다. 일련의 대상을 연달아 늘어놓아, 마치 환등기가 비추는 이미지 앞에 있는 것처럼 영혼의 주의력을 높일 수 있다. 이와 달리 대상을 단 하나만 제시하여 관조로부터 더 활동적인 반응이 유발되도록, 그리하여 이 반응을 통해 영혼이 상상력, 감정, 욕망을 자유롭게 행사하도록 만들 수도 있다. 냄새 구별하기, 어둠 속에서 낯선 물체 만지기, 기이한 악기로 합주하고 노래하는 것 듣기 등, 쾌락으로든 훈련으로든 주의력을 높여야 한다. 여러분은 '고양이 건반'[323]을 아는가?

> 음계에 따라 고양이를 골라 꼬리를 뒤로 뺀 채 늘어놓는다. 뾰족한 못이 박힌 망치가 꼬리를 때리면 해당 고양이가 자신의 음을 외친다. 특히 환자가 동물의 표정과 찡그림을 낱낱이 볼 수 있는 위치에 있을 때 이 악기로 푸가를 연주하면, 롯의 아내[324]조차 고집을 버리고 이성을 되찾을 것이다. 당나귀 목소리는 훨씬 큰 충격을 준다. 아쉽게도 당나귀는 작은 재능과 함께 예술가의 변덕까지 갖고 있다. 그런데 여러 동물의 목소리를 흉내 내는 피리가 사냥용으로 만들어졌으니, 이런 괴상한 '짐승 목소리voces brutorum'를 재현할 악기도 조만간 발명되지 않겠는가? 이 악기는 정신병원 설비로 구비될 것이고, 최근 사용이 권장되는 배럴 오르간[325] 옆에 놓일 것이다.••

• 앞의 책.
•• 앞의 책, 205쪽.

저자 미상, 〈고양이 오케스트라와 당나귀 합주Un orchestre de chats et un concert d'ânes〉, 《자연*La Nature*》(1883년, 522-547호) 삽화. ⓒCnum

분명히 라일은 진부한 재미를 찾고 있지 않다. 그는 놀람을 통해 쾌락을 보강하려 하고, 이 때문에 우스꽝스러운 것과 기괴한 것이 잔뜩 펼쳐진다. 그래야만 말하자면 환자의 모든 방어를 우회하여 기습할 수 있다.

그런데 생생하고 '불쾌한' 정서라면 효과가 더 강하지 않을까? 내부의 격변을 일으키는 이런 정서는 강박관념을 뿌리 뽑을 기회를 더 많이 제공하지 않을까? 소란을 틈타 숨은 활력이 다시 주도권을 잡고, 환자의 모든 힘을 완전고용 상태로 되돌릴 수 있을지 모른다. 피넬은 확신한다.

우리는 생생하고 갑작스러운 정서가 이로우며 심지어 지속적인 효과를 생산하는 것을 흔하게 보았다. 특히 멜랑콜리 환자가 무기력하고 무관심하며 욕망도 반감도 없는 상태, 그래서 자주 자살을 시도하는 상태에 있을 때 그렇다. 특히 이런 경우에 분노처럼 생생한 감정을 유발하면 효과를 볼 수 있다. 분노는

> 멜랑콜리 환자를 완전히 치유하지 못하더라도 일시적으로 이로운 변화를 만들어낸다. 분노가 한시적으로 멜랑콜리 환자의 경제에 작용하여 몇몇 기능에 더 많은 활동성을 공급하면, 환자는 현저한 완화를 경험한다.•

증거는 런던 체류 중 템스강에 몸을 던지려 한 "프랑스 문인"이다. 도둑들이 갑작스레 그를 덮친다. 그는 분개하여 그들의 손에서 벗어나려고 몸부림친다. 가장 생생한 공포, 가장 큰 혼란이 그를 덮친다. 싸움이 끝나고, 그 순간 멜랑콜리 환자의 정신에 격변이 일어난다. 치유는 이렇게 시작되어 계속되었고 완수되었다.•• 다른 예로, 부르하버가 보고하는 남성은 자신의 넓적다리가 유리로 되어 있다고 확신한 채 항상 앉아 지냈다. 어느 날 그는 한 하녀와 부딪혔다. "그는 격렬한 분노를 느끼며 당장 일어나 하녀를 쫓아가 때렸다. 정신을 차리자 자신이 설 수 있다는 사실에 놀라지 않을 수 없었다. 이렇게 회복된 것이다."•••

생생한 정서를 어느 수준까지 사용할 것인가? 피넬의 분노를 사는 것에 아랑곳하지 않는 일부 저자들은 기습 목욕, 즉 환자를 갑자기 찬물에 빠뜨려 오래 가둘 것을 권장한다. 판 헬몬트326는 질식과 익사 직전까지 환자를 물에 넣어두면서, 자신이 "광기의 이미지를 죽이고, 지우고, 흐리게 만들고" 있고,•••• 병든 몸에 잘못 뿌리박힌 부분적 존재를 파괴한다고 주장했다. 부르하버, 컬런, 라일, 하인로트 등은 이 방법을 계속 지지한다. 라일이 보기에는 "정신병원 인근에 강과 호수가" 있는 것이 좋고, "시설은 샤워실과 파이프, 환자를 빠뜨릴 저수조, 보트를 갖추어야 하며, 보트에는 물 쪽으로 바로 열리는 현문이" 있어야 한다…….••••• 피넬 자신이 보고하는 이야기에 따르면, 처음에 성

• 피넬, 〈멜랑콜리〉 항목.
•• 앞의 책.
••• 앞의 책.
•••• 피넬, 《정신이상 혹은 조증에 대한 의학철학 논고》, 324쪽.
••••• 라일, 《정신이상의 정신적 치료 방법 적용에 대한 장광설》, 192-194쪽.

공하는 듯 보인 이 방법은 환자의 불신과 원한 때문에 효과를 상실한다.

> 멜랑콜리를 오래 앓던 부인이 있었다. 여러 의사가 치료에 힘썼지만 어떤 요법도 병을 굴복시킬 수 없었다. 그래서 부인을 시골로 보냈다. 운하가 있는 저택으로 데려간 다음 갑자기 물에 던졌다. 재빨리 건져내기 위해 어부들이 대기하고 있었다. 공포가 지난 7년 동안 깊이 숨겨져 있던 이성을 돌려주었다. 그래서 다시 한번 부인을 운하에 빠뜨릴 계획을 세웠다. 하지만 그녀는 자신에게 다가오는 사람들을 믿지 않았고, 산책하다 물이 보이면 급하게 자리를 떴다.•

즉 물공포증 치료에 탁월하다고 알려진 방법이 물공포증을 유발한 것이다. 피넬의 격한 비난은 이 방법이 여전히 폐기되지 않았음을 보여준다.

> 하지만 이 처치에 수많은 위험이 수반된다는 것을 인정하지 않을 수 있을까? 냉기로 인해 신체 전 표면에 부과된 강한 인상, 물에 빠뜨리기 위해 사용한 폭력적 수단, 억지로 삼키는 많은 양의 액체, 정신이상자에게 불가항력적인 임박한 질식의 공포, 긴급한 위험을 피하려는 격렬하고 혼란스러운 저항, 그토록 억압적인 조치를 실행하는 하인들에 대한 응축된 분노, 이 모든 것이 매우 격한 성격에 끼칠 복합적 효과를 계산해 보았는가? 기타 수많은 폐해를 피할 수 없을 것이며, 그로 인해 정신이상자의 분노가 극단으로 치닫게 될 것이다. 그의 곤란한 상황을 즐거운 놀이로 삼는 하인들의 비웃음과 가혹함이 그럴 것이고, 그의 절실한 비명과 하소연에 답하는 하인들의 경멸과 모욕적 언사가 그럴 것이며, 또한 고통스러운 감정을 거칠고 야만적인 오락으로 전환해야 하는 치료법이 그럴 것이다!••

• 피넬, 〈멜랑콜리〉 항목.

•• 피넬, 《정신이상 혹은 조증에 대한 의학철학 논고》, 324-325쪽.

이때 멜랑콜리 환자는 자신을 향하던 공격성을 외부 세계로 돌려 저항과 전투의 관계를 설립할 기회를 발견한다. 일종의 급격한 선회가 무산소증 효과와 결합하여 그를 단조로운 상태에서 끄집어낸다. 분노는 흥분제로 작용한다. 이 방법이 어느 정도 일시적 성공을 거두었다면 이런 공격성 방출 덕분이다. 하지만 피넬은 "하인들gens de service"의 폭력성을 비난함으로써, 환자의 수용성[327]을 깨우고 그를 온순하게 만든다는 구실로 치료사가 하는 일에 사디즘이 개입해 있음을 완벽히 폭로한다. 이런 가학적 책략이 처벌과 교화라는 요인을 내세우지 않는 경우는 드물다. 에스키롤의 태도가 꽤 많은 것을 시사한다. 그는 찬물에 빠뜨리는 방법을 비난하는 스승[328]의 인도주의적 관점을 상당 부분 공유하지만, 몇몇 예외 상황에서는 이 방법을 사용할 수밖에 없다고 인정한다. 어떤 경우인가? 답변이 놀랍지 않다. "멜랑콜리가 자위로 인해 발병했을 때다."• 우울증의 원인이 "상스러운 습관"이나 방탕한 생활에 있다는 것은 우리가 다시 고문 집행인이 되어야 하는 명백한 이유가 된다. 라일을 참고하면 도구가 부족하다고 생각하지 않아도 될 것이다. 그의 연장통에는 모든 고전적 수단, 재채기유발제, 배액관, 뜸, 발포제發疱劑[329], 옴 감염시키기가 들어 있다. 그는 달군 쇠, 뜨거운 밀랍과 같은 도구 앞에서 주저한다. "이런 것으로는 환자를 위협하고 그에게 가볍게 암시하는 것으로 충분하다."•• 그래도 쐐기풀로 환자를 때리는 방법에는 이의를 제기하지 않는다. 이 방법은 "고통이 수반된 가려움을 일으켜 아무리 무감각한 자라 해도 움직일 수밖에 없게 한다".••• 정신이상자의 행동을 보고 필요하다 생각되면 회초리와 "비공격적 형태의 고문"을 준비한다.•••• 라일은 격렬한 간지럽힘을 추천하는 와중에 개인적 경험을 술회한다.

• 에스키롤, 《정신질환》, 480쪽.
•• 라일, 《정신이상의 정신적 치료 방법 적용에 대한 장광설》, 189쪽.
••• 앞의 책, 190쪽.
•••• 앞의 책, 192쪽.

> 발바닥을 간지럽히고 재채기유발제를 처방하고 환자를 물기둥 아래 두는 방법으로, 오랫동안 말을 잃어버린 정신이상자를 며칠 만에 움직이게 하고 질문에 답하게 만들 수 있었다. 마찬가지로 열을 지어 움직이는 빈대, 개미, 송충이는 불쾌한 피부감각을 유발한다. 산 뱀장어로 가득 찬 양동이 옆에 아무것도 모르는 환자를 두었을 때, 환자는 그것만으로도 충분히 생생한 인상을 받았을 것인데 요동치는 상상력까지 작용하여 더 많은 인상을 수용했을 것이다.•

하인로트는 단언할 것이다. 관건은 "자신 안에 침잠하려는 환자의 경향에 맞서 어떤 대가를 지불하더라도 그의 수용성을 유지하고 되살리는 것이다. 내리누르는 힘에 밀리면 모든 희망이 영영 사라진다".•• 1850년경 막시밀리안 야코비[330]는 삭발한 두개골 꼭대기에 겨자 가루를 넣은 연고를 바른다. 그는 이 연고로 골괴저骨壞疽[331]까지 고칠 수 있다고 믿는다.

어떤 대가를 지불하더라도……. 프랑스학파는 '샤워'[332]로 만족할 것이다. 이것이 무통성 방법은 아니다. 이 방법이 유발하는 불쾌한 인상을 이해하려면, 피넬의 보고를 다시 읽는 것으로 충분하다. 그는 에스키롤이 자신에게 실시한 실험을 묘사한다.

> 저수조는 머리 위 10피트에 있었다. 물은 대기 온도보다 10도 낮았다. 직경 4리뉴[333]의 물기둥이 머리로 바로 떨어졌다. 매 순간 얼음 기둥이 머리에 부딪혀 깨지는 것 같았다. 고통은 물이 전두골 접합부로 떨어질 때 극심했다. 후두골로 떨어질 때는 참을 만했다. 샤워가 끝난 후 한 시간 이상 머리가 마비되어 있었다.•••

• 앞의 책, 190쪽.

•• 요한 크리스티안 아우구스트 하인로트Johann Christian August Heinroth, 《정신적 삶의 장애에 대한 교본*Lehrbuch der Störungen des Seelenlebens*》, 2권, 1818, 216쪽.

••• 피넬, 《정신이상 혹은 조증에 대한 의학철학 논고》, 331-332쪽.

뢰레가 바란 대로 샤워는 멜랑콜리의 정신적 치료를 위한 강력한 무기가 될 것이다. 샤워 혹은 샤워의 위협이라고 말해야 할 것 같다. 한 번 경험한 사람이라면 다시 할 생각을 못 하기 때문이다. 다음은 퐁페 M의 치료에 대한 상세한 보고다.

> 다음날 나는 M의 치료에 전념했다. 나는 그를 욕조에 넣었다. 그의 병, 절망, 쇠약, 무기력을 보고 샤워를 처치했다. 그는 고통을 느꼈고 자비를 구했다. 그에게 말했다.
>
> — 조금 가혹하긴 해도 효과가 좋은 요법입니다. 더 필요하지 않을 때까지 매일 하려고 합니다.
>
> — 이제 필요하지 않은 것 같습니다.
>
> — 벌써요? 쇠약해서 일을 못 하고 있지 않습니까?
>
> — 이제 그렇게 쇠약하지 않습니다. 지금이라도 일할 수 있을 것 같습니다.
>
> — 나는 그렇게 생각하지 않습니다. 게다가 비애가 심해 보이는군요!
>
> — 이제 안 그럴 것입니다.
>
> — 하지만 지금은 그렇지요.
>
> 환자는 미소를 지어 자신이 슬프지 않다는 것을 보여주려 애썼다. 나는 환자가 그의 생각만큼 좋은 상태로 보이지 않는다는 것을 알려주려고 계속 질문을 던졌다. 그는 가능한 한 긍정적으로 답하여 자신이 느끼는 바람직한 변화를 내게 확신시키려 했다. 그를 욕조에서 나오도록 했다. 그리고 슬픈 표정, 말, 무기력을 보고 필요하다 생각되면 즉시 그를 욕조로 돌려보내겠다고 '약속했다'. 단지 두세 번 그런 일이 일어났다. 그에게서 슬픔이 보이면 나는 동정하는 표정으로 다가가 어디가 아픈지 묻고, 그의 불행, 내세, 삶이 겪은 변화를 상기시켰다. 이때 그가 함정에 빠지면 바로 욕조로 보냈다. 이런 교훈을 몇 번 얻은 것만으로 그는 말과 행동을 바꾸었다. 그는 내게 즐겁고 개방적인 표정을 지었다. 나는 그가 보는 앞에서 다른 사람들이 그의 평소 생활 방식을 자세히 보고하도록 지시했다. 이 때문에 그는 감시자들을 경계할 수밖에 없었고,

그들 곁에서도 나와 있을 때처럼 즐겁고 개방적일 수밖에 없었다.

그는 자신이 즐거워졌기 때문에 다른 사람들을 즐겁게 할 수 있었다. 나는 멜랑콜리 환자 몇을 그에게 맡겨 산책과 오락을 부탁했다. 그는 큰 실수 없이 잘 해냈다. 일도 시작했다. 비세트르 시료원施療院[334]에서 페뤼스[335] 씨가 조직한 밭일은 그에게 큰 도움이 되었다. 동의에 의한 것이든 강제에 의한 것이든 밭일은 정신이상자 대부분에게 이로웠다. M은 여전히 '단조롭기는' 했지만 나은 것으로 판정되어 자유를 얻었다.•

이처럼 샤워는 발병 초기에 처방하는 충격요법이다. 이 방법으로 병리적 태도를 공격한다. 노동요법은 인격의 재구성을 목적으로 하는 두 번째 단계에 개입한다. 뢰레는 우울증 상태의 외재화를 막음으로써 그 현저한 표현을 제거할 뿐 아니라, 우울증 상태 자체를 몰아낼 수 있다고 믿는다. "샤워 한 번에 굴복하는 환자가 둘이 있을 때 굴복하지 않을 수 있다. 그러면 환자에게 무엇이 그를 기다리고 있는지 말해주고, 그가 경험으로든 아니든 당신이 약속을 지키는 사람이라고 생각하면, 많은 경우 환자는 물 한 방울 맞을 필요 없이 온순해진다."•• 공포가 쾌활함을 꾸며내도록 강제한다. 그런데 그것이 결국 진짜 쾌활함이 된다.

한 가지 흥미로운 사실을 강조하자. "정신적" 효력을 겨냥하는 샤워와 여타 물리적 수단 대부분은 오래된 방법이거나 요법이며, 예전에는 체액유도이론이 이런 수단의 도입을 정당화했다. 치료의 목적은 흑담액을 배출하거나 다른 곳으로 흐르게 하는 것이었다. 이와 달리 19세기 초 치료사들은 해당 방법의 주요 효과가 신경자극과 정서에 기인한다고 판단한다. 앞선 시대에 두드러기유발제, 발포제, 피부질환의 의도적 유발이나 재발은 병리적 체액을 제거하는 목적을 가지고 있었다. 이제 이 수단들의 목적은 약화된 자극반응성을 되

• 뢰레, 《광기의 정신적 치료》, 278-280쪽.

•• 앞의 책, 281쪽.

살리거나, 수용성을 자극하거나, 혹은 단지 저항하는 환자를 길들이는 것이다. 과거 구토제는 흑담액 배출을 위한 특효제였으나, 에스키롤에게는 완전히 다른 기능을 갖는다.

> 주석산안티모닐칼륨[336]을 조금씩 자주 복용하면 자극이 이동하는 효과나, 혹은 스스로 건강하다고 믿는 환자의 상상력에 개입하는 효과가 있다. 위나 장에 통증을 겪으면 환자는 그것에 주의하여 자신이 아프다는 사실을 확인한다. 이를 통해 그가 적절한 치료를 받기로 결심하는 것이다.•

하인로트 또한 토주석을 사용하는 반감요법[337]을 권장하지만, 이때 구토로 제거되는 물질의 역할은 부차적이다. 중요한 것은 반감이다. 반감은 환자가 평소 생각에서 벗어나 실재하는 곤란한 신체 현상에 주의를 기울이게 한다. 옛 체액 유도제는 불쾌한 효과 덕분에 '정신적 유도법'의 수단이 된다. 그것은 "자극을 이동"시키고 기분전환을 유발한다. "이동"의 관념은 동일하나, 이동되는 "것"에 대한 표상은 동일하지 않다. 방향을 바꾸어야 하는 것은 환자의 체액이 아니라 그의 생각이다.

몇몇 의사(그리고 에스키롤 자신)는 체액 유도법의 개념과도, 연축 즉 '수축 상태'에 대한 방법학파의 개념과도 완전히 결별하지 않으려 한다. 심지어 정신적 현상과 신체적 현상을 함께 지시할 규정을 찾기 위해 개념적 노력을 다한다. 그리하여 브리에르 드 부아몽은 우울증에 대한 물치료법 효과를 설명하기 위해 이를 트루소[338]의 원리와 연관시킨다. "손상이 있을 때는, 더 강하지만 덜 위험한 손상을 인위적으로 다른 부위에 만들어 전자를 완화한다."•• 에스키롤은 쓴다. "찬물을 끼얹는 방법은 외부에 신경 반응을 일으켜 내부의

• 에스키롤, 《정신질환》, 1권, 478쪽.

•• 알렉상드르자크프랑수아 브리에르 드 부아몽Alexandre-Jacques-François Brierre de Boismont, 《자살과 자살 광기*Du suicide et de la folie-suicide*》, 1865, 636쪽.

연축을 중단시키고, 운이 좋으면 병을 해소한다."• 무슨 뜻인가? 유기체는 인위적으로 만들어진 보조 손상에 대처하면서, 처음 손상을 인지하고 처리하기 위해 사용하던 힘 일부를 풀어놓는다. 따라서 이것은 병이 손상의 강도로 인해 발생하는 것이 아니라, 유기체가 손상에 쏟는 과도한 주의에 의해, 즉 방어 에너지의 증가에 의해 발생한다고 보는 것이다. 유도법은 정신병과의 싸움을 약화하는 것이 아니라, "기분전환을 일으키는" 의외의 싸움에 환자를 전념시킴으로써 그를 완화한다. 모든 유도제는 '전환conversion' 기제를 보조한다. 이 전환을 실체적으로(체액) 해석하든, 역학적으로(연축) 해석하든, 심리적으로(정서, 자극) 해석하든, 지향성의 측면에서(……에 대한 주의) 해석하든, 아무튼 관건은 동일한 역학적 도식이다.

게다가 체액론이 한창이었을 때 이미 의사와 환자 들은 약제의 효과 일부가 상상적 성분에 기인한다는 사실을 잘 알고 있었다. 투약이 빈틈없는 성공을 거두려면 불쾌한 동요를 일으켜야 한다. 몽테뉴[339]는 쓴다. "약은 그것을 기꺼이 맛있게 먹는 사람에게는 아무 효과가 없다."•• 따라서 "히스테리 향유"[340]는 체액에 대한 모든 작용과 별개로 역한 냄새가 나고 구역질을 일으키는 풀이 들어 있어서 효과를 낸다. "홀려 있는" 혹은 장애를 겪는 정신은 향유의 이런 불쾌함 덕에 자기 자신을 되찾는다. 역함은 처벌이자, 질서로의 소환이다.

회전

체액론적 해석에서 신경성 멜랑콜리 개념으로 이동하는 18세기 후반, 이상한 치료법들이 제안된다. 이 방법들은 배출 작용, 규율 작용, 위협 작용, 수면과 진정 작용, 혈액에 대한 역학적 작용 등 다양한 작용을 근거로 효력을 주장

• 에스키롤, 《정신질환》, 1권, 480쪽.
•• 미셸 드 몽테뉴Michel de Montaigne, 《에세*Essais*》, 1946.

함으로써 관심을 모았다. 이 방법들은 모든 면에 작용하려고 애썼고, 모든 판에서 이기려고 애썼다. 그러자면 어떤 원리를 이용해야 할까? 물리학의 가장 단순한 원리 중 하나인 원심력이 있다. 이미 18세기 중반 모페르튀이[341]는 혈액이 뇌에 과도하게 몰려 뇌충혈[342]이나 뇌졸중을 일으키는 위험을 방지하고자 '회전'으로 혈액을 다리 쪽에 보내려 했다. (물론 볼테르는 이 특이한 치료법을 조롱한다.)• 1765년 같은 생각이 다시 등장한다. 이번에는 덴마크인 크라첸슈타인[343] 박사가 펜을 들었다.•• 어떤 치료 경험도 보고하지 않는 저자는 단지 "자신이 페테르부르크에서 고질적 편두통에 시달리던 중, 러시아인들이 좋아하는 오락이자 장터의 회전목마와 비슷한 회전 기계를 이용해 회복했다"고 단언할 뿐이다. 박물학자의 조부인 이래즈머스 다윈[344]은 정신이상자 치료에 직접 사용할 회전 기계를 독자적으로 고안할 것이다. 이에 대해 조셉 메이슨 콕스[345]가 남긴 묘사를 읽어보자.

> 들보를 이용하여 수직 기둥을 바닥과 천장에 고정한다. 이 들보 위에 서서 높거나 낮은 곳에 연결된 수평 팔로 기둥을 회전시킨다. 기둥에 고정된 의자 혹은 수평 팔에 매달린 침대에 환자를 묶는다. 이제 하인의 도움을 받아 속도를 조절하며 기계를 작동시킨다. 단순히 힘으로 돌리거나 혹은 복잡하지 않은 톱니바퀴 장치를 활용한다. 톱니바퀴 장치는 쉽게 상상할 수 있다. 그것을 이용하면 원하는 속도로 기계의 운동을 조절할 수 있다. 일반적으로 이 운동은 건강한 사람에게 창백함, 실신, 현기증, 구역질, 때로는 다량의 소변 배출을 일으킨다. […] 정신이상자 대부분에게 구토제의 효과가 이롭다는 사실이 알려져 있다. 하지만 환자에게 구토제를 먹이는 것도, 필요한 복용량을 결정하는 것도, 효과를 완화하는 것도 항상 쉬운 일은 아니다. 반대로 회전운동은 다음 장

• 볼테르Voltaire, 《아카키아 박사의 독설*Diatribe du Docteur Akakia*》, 1748.

•• 크리스티안 고틀리프 크라첸슈타인Christian Gottlieb Kratzenstein, 《원심력을 질병 치료에 사용하는 일에 대한 논설*Dissertatio de vi centrifuga ad morbos sanandos applicata*》, 1765.

조제프 기슬랭Joseph Guislain, 《정신이상과 정신이상자 시료원에 대한 논고*Traité sur l'aliénation mentale et sur les hospices des aliénés*》(1826년) 삽화, 프랑스 국립도서관 소장.

점을 가진다. 원하는 대로 속도를 높이거나 줄일 수 있고, 지속하거나 중단할 수 있다. 이를 통해 단순한 현기증만 일으킬 수도 있고, 경미한 구역질이나 완전한 구토까지 일으킬 수도 있다.•

즉 회전의자는 강약 조절이 가능한 구토제다. 회전의자를 이용하면 심하게 저항하는 환자에게도 구토를 일으킬 수 있다. 게다가 효과를 과학적으로 조절하는 것이 가능하다. 이 의사는 회전의자의 장치가 정교하고, 수학적이고, 통제된 방식으로 작동한다고 확신한다. 그는 회전의자를 써서 헬레보루스나 토주석에 필연적으로 수반되는 우발적 요소를 모면할 수 있다고 생각한다. 회전기계가 신경계에 작용하고, 신경계는 혈액순환, 심장 활동, 위 운동에 작용한다. 효과는 정말 다양해서 단지 "신체적인 것physique"에 국한되지 않는다.

게다가 이것은 몸은 물론이고 영혼에도 작용한다. 이 기계는 이로운 두려움을 불어넣는다. 환자가 회전기계의 고통스러운 감각을 한두 번 경험하면 보통은 위협만으로 어떤 것이든 복용하거나 수행하게 만들 수 있다. 큰 공포로 격변을 일으키는 것이 환자의 치유를 돕는다고 생각되면, 이 무시무시한 기계가 유발하는 공포를 극단적으로 증가시킬 수 있다. 회전을 어두운 곳에서 실시한다든지, 회전하는 동안 환자에게 괴상한 소음을 들려준다든지, 냄새를 맡게 한다든지, 아무튼 기계의 공포와 결합하여 감각에 생생한 인상을 일으킬 기타 모든 요인을 덧붙일 수 있다. 하지만 강력한 요법에는 그만큼 조심성, 기교, 판단력이 요구된다. 의사 없이 기계를 사용하는 것은 경솔한 일이다. 한편, 회전이 유발하는 쇠약은 결코 염려할 것이 아니다. 내가 종종 관찰한 바는 다음과 같다. 이 요법을 오래 실시하면 환자는 거의 완전한 마비 상태에 이른다. 그를 기계 위로 옮길 때는 여러 사람의 힘과 재주가 필요하지만, 회전 후에는 단

• 조셉 메이슨 콕스Joseph Mason Cox, 《정신장애에 대한 실제적 관찰*Practical Observations on Insanity*》, 1804. 프랑스어 역, 《치매에 대한 관찰*Observations sur la démence*》, 1806, 52쪽부터.

한 사람만으로 그를 쉽게 끌어내 침대로 데려갈 수 있다. 이런 쇠약에 이어지는 것은 깊은 잠이다. 잠에서 깬 환자는 다른 어떤 치료법의 도움 없이 회복되고는 했다. 즉 나는 정신이상자들이 회전운동에서 가장 이로운 효과를 얻는 것을 확인했다. 어떤 영구적 문제도 없었다. 회전으로 인한 증상은 뱃멀미와 어느 정도 유사하다. 뱃멀미는 아무리 심하고 오래 지속되어도 심각한 후유증을 남기지 않는다. 심지어 폐결핵과 기타 만성질환이 긴 항해 후에 나은 사례가 적지 않다.

회전기계는 유럽의 모든 병원에서 성공을 거둔다. 하인로트는 경미한 멜랑콜리의 경우 기분전환과 여행을 추천하는 것에 그친다. 그래도 자신 안에 침잠한 환자가 "내리누르는 힘"•에 굴복하여 접근을 허용하지 않을 때는 '선반 Drehmaschine'[346] 사용을 권한다. 회전기계는 일종의 자극제다. 이를 통해 하인로트는 쇠약해진 "수용성"을 복구하기를 원한다. 인도적 수단으로만 개입하려는 프랑스 정신의학자들조차 이 치료법에 매혹되어 다원의 방법에 따라 환자를 회전시킬 것이다. 에스키롤은 아주 열광적이지 않다. "비출혈鼻出血[347]이 유발되고, 뇌졸중의 위험이 있으며, 심각한 쇠약이 일어나고, 실신이 발생한다. 이밖에도 다소 걱정스러운 사고들을 초래한다. 그래서 이 방법을 폐기했다."••
그럼에도 불구하고 회전의 현기증과 백여 년 후 바뱅스키[348]에 의해 멜랑콜리 치료 효과를 인정받는••• '전기 현기증'[349] 사이에는 여러 유사점이 있다.

• 하인로트, 《정신적 삶의 장애에 대한 교본》, 2권, 217쪽.
•• 에스키롤, 《정신질환》, 478-479쪽.
••• 조제프 바뱅스키Joseph Babinski, 〈유발된 전기 현기증 발작에 따른 멜랑콜리 사례의 치료 Guérison d'un cas de mélancolie à la suite d'un accès provoqué de vertige voltaïque〉, 《신경학 학술지 *Revue neurologique*》, 11, 525, 1903.

여행

운 좋게 발병 초기에 멜랑콜리를 치료하게 된다면 특효제는 여행이다. 이것은 하인로트의 조언이다.• 그는 여행을 처방한 첫 번째 사람도 아니고 유일한 사람도 아니다. 이미 보았듯이 켈수스는 유사한 처방을 내렸다. 그런데 중세 문화의 믿음과 이미지에 따르면 떠도는 인간, 순례자, 여행자는 바로 멜랑콜리 기질의 음울한 측면을 겪는 자이고 토성의 불길한 영향을 받는 자이다. 여행, 방랑은 벨레로폰의 병이며, '나태'의 증상이다. 그것은 결코 치료제가 아니다. 엘리자베스 시대[350] 멜랑콜리가 대유행할 때••[351] 흑담액 기질의 가장 전형적인 한 인물이 '불평분자 여행자malcontent traveller'의 모습으로 나타났다. 그는 유럽을 편력하고, 이탈리아에서 방탕한 시간을 보낸 후, 암울한 성미, 끔찍한 무신론, 불굴의 인간 혐오를 가지고 돌아온다. (《뜻대로 하세요*As You Like It*》의 제이퀴즈[352]가 아주 그럴듯한 표본이다.) 멜랑콜리는 세상을 쏘다니는 와중에 전염된다. 뒤 벨레[353]의 로마 소네트•••[354] 그리고 17세기부터 확대될 '노스탤지어' 관련 문헌 전체를 보라.••••[355] 멜랑콜리의 특수한 변이인 노스탤지어는 그저 고향으로 돌아오기만 해도 낫는다.

하지만 대도시, 특히 영국 대도시의 인간은 자신의 쇠약, 암울한 생각, 불안의 원인을 섬나라 기후, 밤샘, 노동, 대도시 쾌락의 복합적 영향 탓으로 돌리고, 이런 전가는 점점 더 흔한 경향이 된다. 그 결과 사람들은 자욱하고 질

• 하인로트, 《정신적 삶의 장애에 대한 교본》, 215쪽: "여행은 이런 환자들에게 만병통치약이다Das Reisen ist für solche Kranke eine Universalmedizin."

•• 로렌스 밥Lawrence Babb, 《엘리자베스 시대의 병*The Elizabethan Malady*》, 1951.

••• 조아생 뒤 벨레Joachim du Bellay, 《회한*Les Regrets*》, 1558, in 《시선집*Œuvres poétiques*》, 2권(1910), 1908-1931.

•••• 다음 저작을 보라. 프리츠 에른스트Fritz Ernst, 《향수병*Vom Heimweh*》, 1949. 이 책에는 다음 작품의 초간본이 실려 있다. 요하네스 호퍼Johannes Hofer, 《노스탤지어 혹은 향수병에 대한 의학 논설*Dissertatio medica de nostalgia oder Heimwehe*》, 1688. 또한 다음 최근 논문을 보라. 포르투나타 라밍퇸Fortunata Ramming-Thön, 《향수병*Das Heimweh*》, 박사논문, 1958.

척거리는 도시의 어두운 영역에서 탈출하여 멜랑콜리에서 해방되기를 꿈꾼다. 그들은 전원과 숲의 삶으로 개심함으로써 구원을 얻을 수 있다고 상상한다. 단순한 시골 여행, 사냥, 신체 단련, 심심풀이 낚시 (로버트 버턴의 저작 혹은 아이작 월턴[356]의 《완벽한 낚시꾼*The Compleat Angler*》을 보라) 등은 이미 꽤 이로운 변화다. 이런 변화들은 도시의 악취, 독한 술, 문란한 친구들, 폭식의 유혹으로부터 잠시 동안 벗어나게 해준다. 《영국의 병*The English Malady*》이라는 제목의 흥미로운 저작•[357]에서 조지 체인[358]은 자신의 '스플린' 이야기를 보고한다. 그가 수상쩍은 친구들과 함께 빠져든 부도덕한 삶이 고발된다. 선술집, 술, 수많은 죄악, 이 모든 것으로 인해 그는 "과도하게 기름진"•• 중증 멜랑콜리 환자가 되었다. 시골, 젖 식이요법, 독주 삼가기(맥주로 충분하다!), 수차례 배출, 종교서적 탐독이 그의 상태를 현저히 개선했다. 이제 그는 사람들이 그의 모범을 따르고 그의 삶의 방식을 모방하도록 훈계를 늘어놓는다. 귀를 기울이는 "스플린 환자"도 충분히 많다. 거의 모든 사람이 자신을 멜랑콜리 환자라 생각하고, 또 멜랑콜리 환자이길 원한다. 하지만 대중은 시인 매튜 그린[359]이 덜 청교도적인 정신으로 제시하는 조언을 더 기꺼이 경청할 것이다. 《스플린*The Spleen*》은 삶의 기술을 위한 비결을 제안한다. 쾌락을 여러 종류로 구비하고, 절제하면서 즐기고, 도시의 오락과 시골의 즐거움을 번갈아

• 조지 체인George Cheyne, 《영국의 병: 혹은 스플린, 체기, 정신쇠약, 히포콘드리아와 히스테리 질환 등 모든 종류의 신경성 질환에 대한 논설*The English Malady : or, a Treatise of Nervous Diseases of all Kinds ; as Spleen, Vapours, Lowness of Spirits, Hypochondriacal and Hysterical Distempers, etc.*》, 1733. 체인은 이 용어를 책 제목으로 삼은 첫 번째 사람이 아니다. 1672년 런던에서 하비는 같은 종류의 저작을 발표했다. 기든 하비Gideon Harvey, 《영국의 병, 혹은 폐결핵과 히포콘드리아 멜랑콜리에 대한 이론적이고 실제적인 논설*Morbus Anglicus, or a Theoretick and Practical Discourse of Consumptions, and Hypocondriack Melancholy*》, 1672.

•• 영국에는 이런 다혈증 형태의 멜랑콜리를 대표하는 더 저명한 사람이 있으니 바로 햄릿이다. 왕비는 그에 대해 이렇게 한탄한다. "그는 뚱뚱하고 숨이 가쁘다He's fat and scant of breath."(V, II). 《셰익스피어 신 집주판*A New Variorum Edition of Shakespeare*》, 《햄릿*Hamlet*》, 1권, 446쪽.

맛보아라.•

그런데 시골 여행, 승마 산책은 작은 수단이고, 작은 문제에 효과적이다. 많은 '스플린'과 많은 돈이 있을 때는 조금 더 긴 여행이 필요하다. 피넬은 말할 것이다. "영국인의 어두운 멜랑콜리를 해소하는 가장 효과적인 방법이 여행이라는 사실은 누구나 알고 있다."•• 부유하고 젊은 18세기 영국인들을 이탈리아의 양지바른 풍경으로 데려간 '그랜드 투어Grand Tour'[360]는 단순한 관광여행이 아니다. 물론 중요한 것은 세상을 배우는 것이지만, 틀어박혀 하는 공부, 차가운 풍토, 기질 등으로 발병한 멜랑콜리를 고치거나 진정시키는 것도 목적이다. 따라서 여행은 실천적 교육의 효과와 특이요법의 효과를 겸유하는 행위다. 유럽의 길을 편력하는 젊거나 어린 "스플린 여행자들splenetic travellers"의 목록은 길기도 하다. 호레이스 월폴[361], 스몰렛[362], 보즈웰[363], 벡포드[364], 골드스미스[365], 스턴[366]……. 이들 모두가 진짜 우울증 환자인가? 스플린은 신경증이자 "사회적 포즈"다. 즉, 그것은 문화적 생산물이다. 그렇다면 문화, 유행, 문학이 유발한 우울증이 "반응성" 우울증 목록에 포함되지 않을 이유가 있는가? 이 멜랑콜리 유랑자들이 자신의 병을 원주민에게 옮겼으며, 쉽게 모방할 수 있는 모델을 제공했다는 사실을 상기하자. "검은 멜랑콜리"에 걸려 "심장에 용종이" 있다고 확신한 스무 살의 장 자크 루소는 바랑 부인[367]을 떠나 몽펠리에[368]로 간다. 그는 동행자들에게 자신을 두딩이라는 이름의 영국인으로 소개한다. 루소는 왜 자신을 숨기고 가명을 썼을까? 그는 아베 프레보[369]의 소설을 막 읽었기 때문에 진짜 멜랑콜리 환자라면 영국인이어야 한다는 것을 알고 있었다. 루소는 차명을 사용함으로써 그가 소유하고자 한 위엄 있는 인격과 병을 갖출 수 있었다. (그리고 라르나주 부인이라는 꽤 숙련되고 원숙한 여성과의 정사 한 번으로 병의 모든 증상이 사라진다. 우리는 이 요법을 알고 있다.)•••

• 매튜 그린Matthew Green, 《스플린*The Spleen*》, in 《18세기 소시인*Minor Poets of the XVIIIth Century*》.

•• 피넬, 〈멜랑콜리〉 항목.

••• 장 자크 루소Jean-Jacques Rousseau, 《고백*Confessions*》, in 《전집*Œuvres complètes*》, I, 1959: 6권.

에스키롤의 제자 칼메유가 1870년 작성한 조언은 우리와 아주 다른 사회 구조를 암시한다. 멜랑콜리를 앓는 귀족 혹은 부자 계층이 있으며, 사람들은 이들이 불명예와 감금을 당하지 않도록 배려한다. 그래서 이들을 외국으로 보내 그곳에서 "생각을 바꾸도록" 돕는다. 하인 일동이 그를 수행하며 때로는 의사가 동행한다. 이런 멜랑콜리 환자는 큰 비용을 들여 고전 그리스 라틴 세계의 길들을 섭렵한다. 박물관이 시료원을 대신한다.

> 재산의 특권을 보유한 멜랑콜리 환자, 특히 상당한 정도의 교육을 받고 학문, 예술, 인문학에 취미를 가진 멜랑콜리 환자에게 여행을 권할 수 있다. 호기심과 놀라움을 자극하기, 굉장히 다양한 대상을 빠르게 일별시키기, 방문지의 아름다움으로 상상력을 사로잡기, 자연의 아름다움을 통해 혹은 그때까지 이름만 알았던 유적이나 걸작의 완벽함을 통해 상상력을 놀라게 하기 등 여행의 장점은 많다. 일반적으로 여행은 교양 있고 교육받은 젊은이들의 감독 아래 수행된다. 산악 지역에서 그들은 환자의 관심을 식물학 연구, 곤충이나 지질학 연구로 이끈다. 이탈리아, 그리스와 같은 지역에서는 고전에 대한 기억을 되살린다. 나폴리, 로마, 피렌체에서는 환자의 시선을 고대 조각술의 완벽함, 유적의 잔해, 위대한 화가들의 걸작으로 인도한다. 아테네에서는 파르테논의 폐허로 안내한다. 얼마 후 그들은 멜랑콜리 환자가 삶의 희망, 즐거움과 함께 '귀국한se rapatrier avec'[370] 사실을 알게 된다.•

재산을 그렇게 쌓아둔 환자가 어떻게 계속해서 자신이 빈곤하다고 느낄 수 있을까? 이 치료법의 전제, 즉 어떤 것이든 제공하면 환자가 모두 인지하고 수용할 것이라는 생각은 꽤 순진하다. 그가 이 모든 것을 수용할 수 있을까? 사람들은 그에게 풍경과 예술 작품을 잔뜩 퍼붓는다. 과연 그가 반응할까? 칼메유의 문장에 비치는 것은 아름다운 문화적 낙관주의다! 그에게 고전주의

• 칼메유, 〈비애광〉 항목.

예술의 조국은 당연히 희망과 삶의 조국이다. 낭만주의에서는 고대 폐허의 광경이 멜랑콜리 감정, 존재의 허망함과 싸우는 것을 돕지 않고, 오히려 그런 것들을 자극한다. 칼메유는 아무리 많은 낭만주의 문헌을 참조했더라도 반대 주장을 내쳤을 것이다.

사람들은 이 방법에 너무 많은 것을 기대한 후, 그것이 대체로 실패한다는 것을 확인하고 만다. 진정한 우울증 환자는 세계 7대 불가사의 앞에서도 무심하다. 한 여성 환자를 데리고 이탈리아에 간 모렐[371]은 그녀가 모든 회화, 모든 연극, 모든 음악, 가장 특별한 건축물 앞에서 무기력하게 있는 것을 보았다. 괴로운 광경에 맞닥뜨리고 나서야 비로소 호전이 시작되었다. 의사가 환자를 데리고 고아원을 방문했고, 그곳의 비참한 광경이 "그녀의 정신적 감수성을 되살린다".

> 공공 박물관에서 그녀는 고개를 숙인 채 걸으며 잘 들리지 않는 신음을 뱉곤 했다. 그랬던 그녀가 이번에는 우리를 둘러싼 많은 아이들에게 현명한 연민으로 가득한 시선을 보내고 있으니 나는 놀라지 않을 수 없었다. 심지어 그녀는 우리가 보고 있지 않다고 생각할 때는 불쌍한 고아들을 몰래 쓰다듬기도 했다.•

찬란한 것에 무심하던 환자가 애정을 '주어야donner' 하는 정신적 치료에 더 잘 반응한다. 그녀는 파리를 떠나지 않았어도 고아들을 찾아냈을 것이다.

19세기 말의 모든 저자는 원칙적으로는 여행이 멜랑콜리 환자를 고칠 수 없다고 판단한다. 여행은 오직 회복기에만, 활동적 삶으로의 복귀를 준비하는 과정으로서 유용할 뿐이다. 위중할 때에도 효과를 볼 수 있지만 그것은 우연적이다. 사실상 이 효과는 고립, 가정환경과의 분리, 일상의 고민으로부터 거리 두기 등에 기인한다. 이렇게 판단하는 의사들은 환자 대부분에게 도움을

• 베네딕트오귀스탱 모렐Bénédict-Augustin Morel, 《정신질환론*Traité des maladies mentales*》, 1860, 614쪽.

줄 수 있는 합리적 수단을 우선시하기에, 감금과 (자살의 위험에 대비한) 밀착 감시를 우선 권장하고, 그런 다음 병원 근처를 산책하고, 수작업에 참여하고, "신경기능의 피자극성을 증가시키는"(모렐) 모든 원인을 제거할 것을 권한다. 따라서 여행의 효과를 더 쉽게 얻는 것이 가능하다. 제자리에서 하는 노력, 체조가 멀리 가는 산책만큼 효과적이다……. 우리가 보기에는 감시하의 여행이 경미한 조현성 우울증 등의 사례에서 이중의 효과를 제공하는 것 같다. 여행은 환자를 평소 환경에서 분리시키면서, 감금으로 인한 트라우마를 방지한다. 요컨대 장거리 여행은 1880년 발[372]의 요구를 충족시키는 사치스러운 방식일 뿐이다. "환자를 격리하고 기존 환경에서 빼낼 것. 가족 문제, 일에 대한 걱정, 계속해서 나타나며 정신적 감각과민 상태를 일으키는 자극으로부터 그를 분리할 것."• 빈자에게 제공할 수 있는 것은 정신병원뿐이고, 부자에게는 피렌체, 로마, 나폴리, 아테네가 있다.

온천

그런데 고전주의적 유랑과 감금 사이의 해결책이 있다. 이 해결책은 정확히 중위 부르주아 계급의 호응을 얻게 될 중간항이다. 그것은 물치료, 온천 시설이다. 중세와 르네상스 동안 특히 의사들의 관심을 끈 것은 자연수의 열기나 예외적 냉기다. 의사들은 이것으로 몸의 '악천후intempérie'[373]를 치료할 수 있다고 보았다. 냉천은 더운 악천후에, 온천은 차가운 악천후에 적합하다. 방법학파의 용어로 말하자면 섬유를 수축시키는 물과 이완시키는 물을 구별할 수 있다. 이런 물에서 검출한 철분, 유황, 명반의 효능이 관찰될 것이다. 온천은 천 가지 효능을 갖기에 경이롭지 않을 수 없다. 온천은 만병통치약이다. 메르쿠

• 뱅자맹 발Benjamin Ball, 《정신질환 강의*Leçons sur les maladies mentales*》, 1880-1883.

리알리스[374]는 멜랑콜리 환자를 루카[375]로 보낸다.• 몽테뉴가 그곳에 간 이유는 신장결석 치료 때문이다.•• 앞에서 보았듯이 시드넘은 기꺼이 철분요법을 사용한다. 그는 히포콘드리아 환자를 철분이 함유된 광천에 보내 그곳 물을 마시게 한다. 부르하버는 한 박식한 멜랑콜리 환자 이야기를 보고한다.••• 이 저명한 의사는 환자에게 스파[376]의 온천을 소개하는 저작을 추천한다. 자신의 나쁜 건강을 인정하지 않던 (부르하버는 많은 멜랑콜리 환자에게서 질병인 식불능증[377]이 관찰된다고 말한다) 환자는 책에 기술된 온천요법에 설득되어 결국 효험을 봐야겠다며 스파로 향한다. 그리고 병을 고쳐서 돌아온다. 18세기 내내 스파는 유럽에서 스플린과 멜랑콜리의 수도로 군림할 것이다.••••[378] 사람들이 보조요법을 핑계로 그곳에서 즐거운 시간을 보낸다는 뜻이다. 모험가, 노름꾼, 사기꾼이 이 도시에서 만난다. 온천이 있는 모든 도시가 비슷하다. 19세기의 도덕적 경향과 반대로 18세기 사람들은 '탕진'을 권태의 치료제로 간주했다. 또한 그들은 부아시에 드 소바주가 '영국식 멜랑콜리'라고 이름 붙인••••• 멜랑콜리 변이, 즉 삶에 대한 비이성적 혐오, 그리고 거의 저항할 수 없는 자살 경향에 이 치료제가 효과적이라고 생각했다. 온천요법을 찬양하는 피넬이 물의 효능이 아니라 기분전환 효과를 내세우는 것은 재미있다. 이때 그가 디드로[379]의 친구이자 루이 15세 치하 상류사회의 의사였던 보르되[380] 박사를 인용하는 것에 놀랄 필요 없다.

• 버턴, 《멜랑콜리의 해부》, 2부, 2장, 2절.
•• 몽테뉴, 《여행기*Journal de voyage*》, 1906.
••• 부르하버, 《실용의학》, 5부, 54쪽.
•••• 마르셀 플로르캥Marcel Florkin, 《리에주 지방의 의학과 의사들*Médecine et médecins au pays de Liège*》, 1954.
••••• 프랑수아 부아시에 드 소바주François Boissier de Sauvages, 《질병분류학*Nosologia methodica*》, 3권, 1763, 378쪽부터. Cf. 윌리엄 컬런William Cullen, 《실용의술 입문*First Lines of the Practice of Physic*》, 1777-1779.

보르되는 모든 의학적 조력 중 수원지 광천요법이야말로 신체적 측면에서나 정신적 측면에서 만성질환 치료를 위해 필요하고 가능한 온갖 변동을 가장 잘 일으킨다고 본다. 모든 것이 이 요법에 협력한다. 여행, 치료가 성공하리라는 희망, 다양한 음식, 특히 호흡에 의해 몸을 에워싸고 파고드는 공기, 여러 장소에서 경험하는 놀라움, 일상적 감각의 변화, 새로운 교제, 이때 발생하는 사소한 정념, 건전한 자유의 향유, 모든 것이 특히 도시 주민을 물들이고 있는 불편함과 병의 습관을 바꾸고 뒤엎고 없앤다.•

19세기 중반이 되면 호텔(혹은 민박)과 "요양소maison de santé"의 중간 형태인 "물치료 기관"이 늘어난다. 보통 이곳에서는 소식과 젖 식이요법을 실시하여 목욕과 샤워의 효과를 보강했다. 부르주아 대중이 정신질환을 굉장히 수치스러운 것으로 여긴 시대에 (정신질환을 일종의 "퇴화"[381] 증상이라고 말하지 않는가?) 멜랑콜리 환자는 이런 기관을 통해 감금의 불명예를 피했다. 그 대신 아무것도 돌발적 자살로부터 환자를 보호해 주지 않는다. 세기말에 이르면 이론적으로는 수용치료[382]가 진정한 우울증 환자들을 다시 전담하게 된다. 물치료 시설은 "신경쇠약증[383] 환자" 고객으로 만족해야 한다. 하기야 이런 고객만으로 적은 수는 아니다. 얼마나 많은 멜랑콜리 환자가 여기에 잘못 섞여 있었을까? 곳곳에서 예상치 못한 자살 소동이 벌어지면 이내 물치료사는 더 중요한 이점이 있는 "폐쇄 시설"을 떠올릴 것이다.

• 피넬, 〈멜랑콜리〉 항목.
로마 제정기의 한 거대한 공중목욕탕 벽에 누군가 새긴 이행시를 떠올리지 않을 수 없다. "목욕, 포도주, 사랑이 우리의 몸을 파괴하지만,Balnea, vina, Venus corrumpunt corpora nostra; 목욕, 포도주, 사랑이 삶을 낳는다Sed vitam faciunt balnea, vina, Venus."

음악

멜랑콜리의 정신적 치료를 설파하는 사도들은 음악을 중대시한다. 음악을 처방하는 기법을 정하고 그 작용 방식을 정교하게 설명하는 일이 대개 쉽지 않지만 아랑곳하지 않는다. 예외 없이 이들 모두는 이런 형태의 요법을 전하는 옛 전설에 호소한다. 멜랑콜리의 문화사는 처음부터 끝까지 음악에 의지한다고 말할 수 있지 않을까? 물론 소리와 리듬이 영혼에 행사하는 효과에 대해서는 시대마다 의견이 다르다. 인간은 꽤 오랫동안 음악을 처방했지만 음악의 사용을 정당화하는 논거는 역사 속에서 변한다. 수단은 변함없이 동일하나 그에 대한 해석은 학문의 이론이나 믿음에 따라 변하는 요법들이 있다. 음악은 그중에서도 두드러진 사례다.

"하나님의 부리신 악신이 사울[384]에게 이를 때에 다윗[385]이 수금을 취하여 손으로 탄즉 사울이 상쾌하여 낫고 악신은 그에게서 떠나더라."(〈사무엘상〉, 16장 23절)[386] 성경 텍스트를 있는 그대로 본다면 사울은 악마에 사로잡힌 자이고, 악령이 그 안에 기거하고 있으며, 다윗의 수금은 마법의 도구다. 그리스 세계의 경우 춤추고 노래하는 코리반테스[387]의 치유를 언급하는 것으로 충분하다. 플라톤[388]은 코리반테스가 이런 식으로 두려움과 공포불안을 완화했다고 전한다.• 이때에도 음악은 마법과 주술의 기능을 수행한다. 의사들의 생각은 무엇일까? 이미 보았듯이 켈수스는 음악(과 소음)을 기꺼이 사용한다. 소라노스는 음악을 신뢰하지 않는다. 음악에 효력이 없다고 보는 것이 아니라, 반대로 음악의 힘이 강해서 원하는 방향으로 통제할 수 없다고 여기기 때문이다.

> 우리는 실제로 음악이 완전히 건강한 사람의 머리에 울혈을 유발하는 것을 볼 수 있다. 어떤 경우에는 음악이 광기를 일으키는 것이 분명하다. 계시받은 자

• 도즈, 《그리스인과 비이성적인 것》, 77-79쪽.

들이 신탁을 노래할 때 그들은 마치 신에게 사로잡힌 것처럼 보인다.•

음악은 논리적으로 혹은 충분히 정교하게 사용하기 어려운 막연한 수단이다. 우리는 음악의 힘을 통제하는 법을 알지 못하며, 그렇기 때문에 그 힘에는 가공할 어떤 것이 있다.

모든 저자가 같은 걱정을 하는 것은 아니다. 중세는 과감하게 다윗과 오르페우스[389]의 전범을 이용한다. 1500년경의 매우 흥미로운 문헌에서 성직자들이 "멜랑콜리 환자" 치료를 위해 시도한 한 가지 방식을 볼 수 있다. 환자는 갑자기 광인이 된 화가 휘호 판데르 휘스[390]다.••[391]

> 그는 자신이 신에게 버림받아 영벌에 처해졌다고 말했다. 그는 자신의 의지로 자살하려고 했다. (목격자들이 힘으로 막지 않았다면 실행되었을 것이다.) [⋯] 그를 보호하며 브뤼셀로 이송했다. 장상長上[392] 토마스가 호출되었다. 그는 조사와 검토를 거쳐 환자의 발작이 사울과 같은 것이라고 판단했다. 장상은 다윗이 키타라[393] 연주로 사울의 병을 고친 것을 떠올리고 즉시 휘호 형제에게 많은 음악을 연주해 줄 것과 여타 오락적 공연을 보여줄 것을 명했다. 그는 이 방법으로 정신적 환상을 몰아내리라 기대했다.

여기에서 음악은 정확히 어떻게 기능하는가? 음악은 그저 즐거운 기분 전환일 수 있다. 하지만 가벼운 음악의 "오락적" 용도 너머에는 멜로포이아[394]의 주술적 힘에 대한 기억이 여전히 생생하다.

동시대에 더 높은 사변적 야심이 등장한다. 이 야심을 지탱하는 것은 플

• 카엘리우스 아우렐리아누스, 《급성질환과 만성질환》, 556-557쪽.

•• 파노프스키와 작슬은 《뒤러의 '멜랑콜리아 I'》에서 이 일화를 소개하며 다음 문헌을 출처로 지정한다. 할마 G. 잔더Hjalmar G. Sander, 〈휘호 판데르 휘스의 이력과 그의 작품 연표Beiträge zur Biographie Hugo van der Goes' und zur Chronologie seiner Werke〉, 《예술학 참고문헌 *Repertorium für Kunstwissenschaft*》, 35, 519, 1912.

라톤과 프톨레마이오스[395] 저작까지 올라가는 전통이다. 1482년 스페인인 라모스 데 파레하[396]는 《실용음악*De música práctica*》을 발표한다. 그는 네 가지 기본 선법을 네 기질과 네 행성에 연관시킨다. '제1선법tonus protus'은 점액과 달에 호응하고, '제2선법tonus deuterus'은 담액과 화성에, '제3선법tonus tritus'은 혈액과 목성에, '제4선법tonus tetartus'은 흑담액과 토성에 호응한다. 하지만 과감한 이론적 구축을 통해 철학, 의학, 음악, 마법, 점성학을 (너무) 일관된 학설로 통합한 것은 마르실리오 피치노와 그의 제자들이다.

피치노가 1489년 발표한 《삶에 대한 세 권의 책》은 문인들('literati')을 위한 건강관리 지침서다. 심각한 위험이 문인을 노린다. 그것은 비물질적 영혼의 도구로 기능하는 미세정기('spiritus')[397]가 과도하게 손실될 위험이다. 지성적 활동이 이 정기를 다량으로 연소시키기 때문이다. 이로 인해 극히 해로운 흑담액성 체액이상이 발생한다. 이런 문제에 특히 불길한 영향을 받는 사람들이 있다. 토성이 출생을 주재한 자들, 그리하여 멜랑콜리의 운명을 타고난 자들이다. 하지만 철학자, 시인, 문인에게 관조 능력을 부여한 것 또한 토성이고 멜랑콜리다. 멜랑콜리 기질에는 근원적 양면성이 있다. 능력과 병이 똑같이 멜랑콜리에서 나온다. 피치노처럼 토성의 기운 아래 태어난 것은 최고의 특권과 상당한 위험을 동시에 함축한다. 위생, 섭식, 약, 기도 등 모든 것을 써서 이 운명이 위험하게 전개되지 않도록 막아야 한다. 가장 시급한 일은 '미세정기'의 "재충전"을 도모하여 잃어버린 물질 에너지를 회복하는 것이다. 자연이 정기를 베푸는 곳이라면 어디서든 그것을 마시려 노력해야 한다. 피치노가 당부하는 것은 진정한 영적 "복원"[398]이다. 향기, 술(주정酒精)[399], 특히 향이 나는 술 등 "정기"가 풍부한 물질과 협력해야 한다. 그는 배출, (정기를 소모시키므로 무척 위험한 성행위를 제외한) 신체 단련 등 전통적 수단을 잊지 않는다. 하지만 그는 독주와 꽃향기보다 더 강력한 방법을 요청한다. 세계가 영혼과 몸을 가지고 있다면, 또한 둘 사이를 매개하는 '미세정기'가 있을 것이다. 그런데 인간의 '미세정기'와 세계의 '미세정기'는 같은 물질이므로, 우주의 저장고로부터 그것을 꺼낼 수 있을 것이다. 어떻게 이 진귀한 물질을 손에 넣을 것인가? 천체, 특히 행성이 이 물질의 풍부한 원천이지만 행성별로 균질하지 않다. 태양과 목성의 영향이 멜랑콜리 환자를 괴롭히는 병의 유일하고 진정한 해독제다. 이 천체들은 토성이 내뿜는 고약한 영향을 저지한다. 피치노는 적합한 돌, 기호, 이미지를 수단으로 소지자에게 상서로운 "태양들"[400]의 영향을 전달하는 부적 마법 일체를 인정한다. 그런데 부적보다 훨씬 나은 것이 있다. 음악적 화음, 오르페우스와 '옛 신학자들prisci theologi'[401]이 부르는 찬가가 그것이다. 음악은 특히 오르페우스 찬가[402]와 "헤르메스주의자들"이 가르친 주술을 동반한다면 매우 강력한 힘을 행사한다. 음악가는 마법적 수행을 통해 우주의 '미세정기'를 호출하고, 이것이 음악가 자신의 '미세정기' 저장고를 채운다. 지금 우리는 금지된 기술의 경계에 있다. 피치노의 방법은 "행성의 정령"에게 명령하는 것인가? 교회는 그런 불순한 악령과의 교제를 용인할 수 없을 것이다. 대개의 경우 피치노는 공인된 교리의 한계를 벗어나지 않는 설명을 제시한다. 행성을 향한 기도는 진짜 주술이 아니다. 기도의 목적은 태양이나 "목성의"[403] 영향을 더 잘 받아들일 수 있는 몸을 만드는 것이다. 어쨌든 관건은 유기체의 건강에 반드시 필요한 보이지 않는 물질을 "마시는 것", 그 물질을 자기 안에 축적하는 것이다. 피치노의 펜 밑에서 흔히 이런 행위를 지시하는 라틴어 동사 'haurire'[404]는 마시고 긷고 목을 축이는 "구순기" 욕구를 드러낸다. 르네상스는 이 욕구를 매우 강력하게 표출한 시대였다. 신성한 술병의 신탁을 생각해 보라. "마셔라Trinc!"[405]

피치노는 음악의 효과를 자연학적으로 설명하려고 애썼다. 소리의 진동으로 미세화된 공기는 '미세정기'와 유사한 것이 되고, 인간 안에 있는 정기를 자극하고 증가시킨다.

> 음악적 소리는 공기의 운동을 통해 몸을 움직인다. 소리는 정화된 공기를 통해 몸과 영혼의 매개인 기체 정기를 자극한다. 소리는 정서를 통해 감각과 영혼에 동시에 작용한다. 소리는 의미를 통해 지성과 관계한다. 결국 소리는 미세 공기의 운동을 통해 깊고 격렬하게 침투한다. 소리는 화음을 통해 감미롭

게 쓰다듬는다. 소리는 성질의 일치를 통해 우리를 경이로운 향락에 빠뜨린다. 소리는 영적이며 물질적인 본성을 통해 한 인간 전체를 단번에 사로잡고 그를 완전히 소유한다.•

덧붙여 관찰해 둘 것이 있다. 멜랑콜리 환자는 피치노의 조언과 예시를 따라 음악적 선율을 연주하고 때로는 직접 창작한다. 환자 자신이 노래하고 리라를 켠다. 여기에서는 환자와 음악가, 사울과 다윗이 동일인이다. 따라서 이제 음악은 젊은이가 (젊음은 다혈질이다!) 노인 멜랑콜리 환자에게 실시하는 외적 치료가 아니라, 멜랑콜리 환자가 동요하는 자신의 본성을 진정시키고 그 균형을 회복하려고 실시하는 내적 작용이다. 말하자면 음악은 반성적이고 나르시시즘적인 작용이다. 이 치료법의 원천은 멜랑콜리 환자의 재능에 있으며, 그 목적은 체액이상으로 허약해진 체질을 다스리는 것이다. 그리고 이런 체액이상의 원인 대부분은 예술과 시로 유발된 관조적 황홀경이다.

피치노의 영향은 오랫동안 지속된다. 음악에 대한 그의 관념은 롱사르[406]와 같은 시인에게서, 또한 아그리파 폰 네테스하임[407]과 같은 마법사 겸 카발라주의자[408]에게서 다시 발견된다.[409] 1650년《보편 음악술*Musurgia universalis*》에서 아타나시우스 키르허[410] 신부는 '음악-의학 마법Magia musurgico-iatrica'에 긴 챕터를 할애한다.•• 음악으로 모든 병을 고칠 수 없겠지만, 황담액이나 흑담액에 기인한 병에는 분명 이로운 효과가 있다. 키르허는 소리로 인간을 홀리는 기술이 있으며, 이 방법으로 심지어 악마에게도 호소할 수 있다고 확신한다.

버턴은 가용한 음악 치유 사례 전부를 그의 거대한《멜랑콜리의 해부》에 모아두었다.••• 그는 꽤 예리한 시적 감각을 드러내며 직접 만든 사례들을 덧

• 피치노,《티마이오스에 대한 주석*Commentarium in Timaeum*》, 28장, in《전집》, 1권, 1453쪽. 이 주제에 대해서는 모든 것이 완비된 다음 책을 보라. 워커,《피치노에서 캄파넬라까지 영적 마법과 악마 마법》.

•• 아타나시우스 키르허Athanasius Kircher,《보편 음악술*Musurgia universalis*》, 1650.

••• 버턴,《멜랑콜리의 해부》.

붙이기도 한다.

> 느닷없이 울리는 나팔, 카리용[411], 수레꾼을 야유하는 노래, 이른 아침 길에서 발라드를 노래하는 아이, 이런 것들이 밤에 잠들지 못한 발광성 환자를 변형하고, 소생시키고, 재건한다.

17세기가 되자 음악적 진동이 짙은 흑담액 물질을 분리하고 미세화하고 액화한다는 것을 증명하려는 많은 논문, 논고, 논설이 나온다. 18세기에는 음악이 유기체의 섬유에 끼치는 효과를 더 마음껏 말하게 될 것이다. '신경성 멜랑콜리' 개념을 도입한 로리는 음악의 효능에 대해 긴 챕터를 쓴다.• 그는 음악이 흥분제, 진정제, 조절제의 삼중 효과를 가진다고 주장한다. 규칙적인 음악적 진동은 이해하기 어렵지 않은 역학적 작용을 통해 섬유의 등긴장성을 복구한다.

이에 그치지 않고 매우 정교한 세부적 기법까지 규명될 것이다. 낭시[412]의 의사 마르케[413]는《음을 통해 맥박을 식별하는 쉽고 흥미로운 새로운 방법 *Nouvelle Méthode facile et curieuse, pour connoitre le pouls par les notes de la musique*》을 썼고, 그의 동향인 피에르조제프 뷔코[414]는《음악으로 멜랑콜리를 치유하는 방식에 대한 논고*Mémoire sur la manière de guérir la mélancolie par la musique*》를 추가한다.

> 건조한 멜랑콜리 기질을 치료하는 음악은 가장 낮은음에서 시작하여 감지하기 어려울 만큼 서서히 높은음을 향해 상승해야 한다. 여러 강도의 진동에 익숙해져 팽팽해진 섬유는 이런 균형 잡힌 점진적 상승을 통해 감지할 수 없을 만큼 조금씩 유연해진다. 반대로 습한 멜랑콜리 기질 환자를 치유하기 위해서는 쾌활하고 강하고 생생하고 변화무쌍한 음악이 필요하다. 왜냐하면 이런 음악이 섬유를 더 잘 동요시키고 팽팽하게 잡아당기기 때문이다.

• 로리,《멜랑콜리와 멜랑콜리 질환》, 2권, 1부, 2장, 부록.

따라서 신경이 활력을 잃고 쇠약해진다면, 체액이 짙고 운동능력을 상실한다면, 영혼과 몸이 크게 상한 상태라면, 단순하고 잘 울리고 쾌적한 음악을 사용해야 한다. 이런 음악은 청각신경과 기타 교감신경을 가볍게 동요시킨다. 쾌적하게 흔들린 신경은 미세 림프를 자극하고, 여러 체액을 용해하고 분리하며, 체액이 더 잘 운동하도록 만든다. 또한 심장을 강화하고 활발하게 만들며, 분비작용이 더 쉽게 일어나게 한다. 그 결과 부드럽고 쾌적한 생각이 나오는 것이다. 또한 사지는 더 거뜬해지고 정신은 더 쾌활해진다. 동물 기능이 더 잘 작동하게 된다.•

이 문헌은 어떤 "과학적" 욕망을 꾸밈없이 드러낸다. 그것은 청음의 물리적 특성이 "정신적인 것"에 작용하는 기제를 명석판명한 이미지로 해명하려는 욕망이다. 뷔코는 일종의 기초물리학을 사용함으로써 원리가 쉽고 명확하다는 인상을 주려고 한다. 분명한 과학적 진리의 어조로 말하면서, 그는 각 사례마다 그것을 적절히 다루기 위해 분화시킨 방법을 가르친다. 그는 자신이 특수한 지식을 가지고 있어서 각 환자를 유기체의 차이와 특성에 따라 다룰 수 있다고 주장한다. 거짓 정교함이 거짓 과학으로부터 완전히 상상적인 기법을 도출한다.

하지만 동시대 음악가들이 각 정서적 운동에 정확한 음의 표현을 할당하는 정동이론('Affektenlehre')[415]을 동일한 기초 위에 구축하려 했다는 것을 기억해야 한다.••[416]

정신적 치료 이론가들은 멜랑콜리에 대한 음악요법에 큰 관심을 쏟을 것

• 프랑수아니콜라 마르케François-Nicolas Marquet, 《음을 통해 맥박을 식별하는 쉽고 흥미로운 새로운 방법*Nouvelle Méthode facile et curieuse, pour connoitre le pouls par les notes de la musique*》, 1769.

•• 다음 기사를 보라. 발터 세라우키Walter Serauky, 〈정동이론Affektenlehre〉 항목, in 《어제와 오늘의 음악, 음악 백과사전*Die Musik in Geschichte und Gegenwart, allgemeine Enzyklopädie der Musik*》, 1권, 1949-1951, 113-121쪽.

이다. 그들 생각에 멜랑콜리는 "강박관념"이라는 지성적 핵을 중심으로 형성되지만, 멜랑콜리를 공략하고 변화시키기 위해서는 감정과 정념의 수준에 개입해야 한다. 다시 말해 치료는 추론과 개념적 사유보다 더 깊은 곳에서 실행된다. 그런데 그들이 보기에 음악은 표상과 관념의 매개를 거치지 않고 정서적 존재에 바로 다다르는 특권적 수단이다. 음악은 영혼에 직접 작용한다. 이것은 루소가 말한 것이다.• 또한 피넬의 친구이자 "이데올로그" 학파의 수장인 카바니스가 같은 생각을 거듭 표명한다.

> 말하자면 음악이 일반적 힘을 살아 있는 자연에 행사한다는 사실은, 귀에 고유한 정서가 사유 기관에서 인지되고 비교되는 감각으로 환원될 수 없음을 입증한다. 이 정서 안에는 '더 직접적인' 어떤 것이 있다. […] 음의 특수한 결합, 심지어 단순한 소리가 모든 감각 능력을 사로잡는다. 음들은 '가장 즉각적인 작용을 통해' 영혼에 당장 어떤 감정을 일으킨다. 유기체의 원시법原始法[417]이 이 음들에 종속된 것처럼 보일 정도다. 다정함, 멜랑콜리, 음울한 고통, 생생한 쾌활함, 익살스러운 기쁨, 용맹한 열정, 격앙이 놀랄 만큼 단순한 곡조에 의해 되살아나기도 하고 진정되기도 한다. 게다가 이 감정들은 노래가 단순한 만큼, 노래를 구성하는 악절이 짧고 파악하기 쉬운 만큼, 더 확실히 되살아나거나 진정된다.
>
> 이 모든 효과는 확실히 교감의 영역에 속하며, 이때 사유 기관은 감수성의 일반적 중추로서 실체의 측면에서만 관여할 뿐이다.••

라일은 완벽히 유사한 생각을 제시한다.

> 음악은 분절되지 않은 소리로 귀에 말한다. 이 때문에 음악은 웅변과 달리 상

• 〈음악Musique〉 항목부터, in 《음악 사전*Dictionnaire de musique*》.
•• 카바니스, 《인간에게서 물리적인 것과 정신적인 것의 관계》.

> 상력과 지성의 매개 없이 마음에 직접 호소한다. 음악은 감수성을 긴장시키고, 정념의 연속적 운동을 일으키며, 정념들이 영혼 깊은 곳에서 감미롭게 솟아나도록 자극한다. 음악은 영혼의 폭풍우를 가라앉히고, 비애의 안개를 몰아내며, 때로는 격앙의 과도한 소요를 매우 성공적으로 진압한다. 이런 까닭에 음악은 격앙성 발광에 효험이 있고, 우울증 상태('Schwermuth')[418]와 연관된 정신질환에 거의 언제나 효과적이다.•

그런데 어떻게 해야 하는 것인가? 이 매혹적인 이론에서 어떻게 실제 적용으로 갈 수 있는가? 라일은 관찰과 결과가 아직 충분하지 않음을 인정한다.

> 어떤 사례에서, 어떤 순간에 음악을 사용해야 할까? 각 사례에 어떤 종류의 음악을, 어떤 악기를 쓰는가? 왜냐하면 정신병원에서 경우에 따라 특별한 곡과 특수한 악기를 활용해야 한다는 것에는 의심의 여지가 없기 때문이다. 답변은 환자의 경향이 경직과 과도한 발광 중 어떤 것을 향하는지에 따라, 광기의 형태에 따라, 환자가 겪는 정서 상태의 개별적 변화에 따라, 환자의 영혼이 어느 정도로 활동적인가에 따라 다를 수밖에 없다.••

조셉 메이슨 콕스는 음악이 "발작을 일으키는 비애의 대상으로부터" 환자의 정신을 떼어놓는 기분전환 도구라고 생각한다. 관건은 "환자의 주의를 고정하고", 그가 계속해서 되새김질하는 괴로운 생각 이외의 것에 관심을 두도록 강제하는 것이다. 환자에게 매듭이나 타피스리를 만들 것을 주문할 수 있고, 음악을 들려줄 수도 있다.

• 라일, 《정신이상의 정신적 치료 방법 적용에 대한 장광설》, 206-207쪽.
•• 앞의 책, 207쪽.

나는 깊은 가사 상태의 환자가 음악의 도움만으로 의식을 회복하는 것을 보았다. 나는 완전한 정신이상 상태의 환자가 음악으로 이성을 되찾는 것도 보았다. 나는 특히 치매癡呆[419]를 겪는 군인에게서 이런 종류의 치료가 매우 특기할 만한 결과를 내는 것을 목격했다. 이 군인은 몇 주 동안 침대에서 일어나지 않았고, 한마디 말도 내뱉지 않았으며, 강제로 먹이지 않으면 어떤 음식도 입에 대지 않았다. 그래서 피리 연주자를 섭외하여 환자 침대 옆에서 연주하도록 시켰다. 그는 다양한 곡을 각 곡의 예상되는 효과에 따라 여러 기교로 변주하며 연주했다. 환자는 연주자를 의식하기 시작했다. 그러고 나서 어떤 관심을 보이기 시작했다. 활기찬 시선과 박자를 맞추는 행동에서 이를 확인할 수 있었다. 회복한 환자 자신이 내게 말해준 것에 따르면, 연주자는 환자에게 매우 쾌적한 감각을 연달아 일으켰다고 한다. 그리하여 생생한 인상을 각인시키는 추억들이 기억에 떠올랐고, 생각의 새로운 연쇄가 유발되었으며, 지성의 착각들이 점차 해소되는 것 같았다고 한다. 머지않아 환자는 이 수단의 도움만으로 일어나서, 스스로 옷을 입고, 질서와 절도가 갖춰진 예전 습관을 조금씩 되찾았다. 결국 그는 가벼운 강장제 외에 다른 치료제를 사용하지 않고 이성을 전부 회복했다.•

이것은 단순한 기분전환일 수 없다. 오히려 특효제처럼 영혼에 작용하는 음악의 특별한 효과일 것이다. "또한 감수성의 상태로 인해 일반적인 어떤 요법도 견디지 못하는 불행한 정신이상자들이 아이올로스 하프[420]의 감미롭고 변화무쌍한 화음에 즉시 안정되는 것을 보았다. 어쩌면 일부 사례에서는 음정이 맞지 않는 음들을 차례로 혹은 조합하여 들려주는 것이 더 효과적일 수 있다. 특히 환자의 귀가 음악에 밝아 그러한 불협화음의 영향이 생생하게 작용하는 경우가 그렇다."•• 콕스는 우선 기분전환 효과만 말했지만, 이제 신비한

• 콕스, 《정신장애에 대한 실제적 관찰》. 프랑스어 역, 《치매에 대한 관찰》, 39-40쪽.

•• 앞의 책, 43-44쪽.

정신물리학적 기제가 존재함을 암시한다. 이 기제를 정확히 파악하는 치료사는 환자의 정신상태를 원하는 대로 바꿀 수 있을지 모른다.

환자가 요행히 음악가라거나 자신이 좋아하는 악기를 연주할 수 있다면 치료가 성공할 가능성이 증가한다. 이런 식으로 활동요법의 효험이 음악의 고유한 효과와 결합한다. 뢰레는 정신적 치료의 한 가지 성공 사례로 음악가인 멜랑콜리 환자의 치유를 언급한다. 그는 환자에게 바이올린과 끔찍한 샤워 중 하나를 선택하도록 했다. 환자는 잠시 망설이더니 악기를 택했고, '라 마르세예즈'[421]를 연주했다.

> 나는 그가 괜찮은 상태일 때 학교로 데리고 갔다. 사람들은 노래를 부르고 그가 반주를 해주었다. 음악이 중단되지 않은 채 한 시간이 흘렀다. 비록 어느 정도 마지못해 하는 것이지만 그는 며칠 동안 계속 반주를 했다. 간혹 학교 가까운 곳에 샤워장이 있음을 환기시켜야 했다. 하지만 그곳에 실제로 갈 일은 없었다. 조금씩 그의 안색이 밝아졌다. 처음에는 꽤 느슨했던 연주가 활기를 띠기 시작했다. 시료원에서 볼 수 없던 자유로운 거동을 관찰할 수 있었다. 그는 때때로, 특히 사람들이 노래를 잘못 부를 때 웃었다. 그는 그런 것을 싫어하지 않았으며, 가수들을 소개해 주자 기꺼이 지도를 맡았다. 그는 모든 낮 음악회에서 꼭 필요한 사람이 되었다. 그는 이따금 이렇게 말하곤 했다. "내게 무엇을 원하는 것인가요?" 그래도 자신의 처지를 곰곰이 생각하고 자신이 다른 정신이상자들과 함께 의사의 감독 아래 있음을 확인하면 어느 정도 신뢰를 가졌다. [⋯] P의 치유는 확실히 음악 연주에 기인한 것이다. 고대인들이 광기 치료에서 음악에 부여한 효과가 이 환자에게 나타난 것일까? 혹은 음악을 연주하여 옛 직업을 되찾았기 때문에 회복한 것일까? 내 의견으로는 두 요인이 모두 치유에 기여한 것 같다. 둘 중 어떤 것이 이러한 결과에 더 큰 몫을 가지는지 말하기 어렵다.•

• 뢰레, 《광기의 정신적 치료》, 296-298쪽.

그러니까 이 사례에서도 환자는 샤워 협박 때문에 강제로 활동적인 모습을 보여야 했다. 반면 뢰레는 단호하다. 음악은 효과가 있다. 환자 자신이 음악을 한다면 효과가 배가된다. 물론 "음악은 어떤 정신이상자의 상태에는 적합하고, 또 어떤 이들에게는 해롭다". 그런데 멜랑콜리야말로 음악이 유용한 경우다. "정신이상자가 심한 비애와 무기력에 빠진 경우, 게다가 환자 자신이 연주한다면, 음악은 그의 터무니없는 관념의 해독제가 될 것이다. 싸움이 벌어질 것이고, 음악이 이긴다면 터무니없는 생각은 격퇴되어 패배할 것이다. 단순히 음악을 듣는 것으로는 무익할 수 있다. 하지만 음악을 만들고 주의를 기울여 실행하는 것은 반박 불가능한 효과를 내는 기분전환이다."•

에스키롤은 반대 경험을 했다. 그가 이런 경험을 서술한 부분을 다시 읽어봐야 한다.

> 정신이상자 치료법으로 음악을 시도해 볼 필요가 있었다. 나는 성공에 가장 유리한 여건에서, 모든 방식으로 시도했다. 때로 음악은 환자를 자극하여 격앙을 유발하기도 했고 종종 기분전환을 유도하는 것처럼 보이기도 했지만, 치유에 기여했다고 말하기는 어렵다. 음악은 회복기 환자들에게 도움이 된 것이다.
>
> 한 비애광 환자의 형제가 파리의 최고 장인들과 함께 음악을 연주해 주었지만, 환자는 격앙 상태에 빠졌다. 음악가들이 그와 분리된 공간에 있었음에도 그랬다. 그는 주변 사람들에게 반복해 말했다. "이렇게 고통스러운 상태의 사람을 앞에 두고 즐겁게 놀려고 하다니 정말 끔찍하군." 환자는 그전까지 다정하게 사랑한 형제를 혐오했다.
>
> 나는 아주 능숙한 음악가인 정신이상자를 여러 명 관찰했다. 와병 중에 그들은 음을 정확히 듣지 못했다. 최고의 음악을 들려주어도 동요하고 나서 언짢아하다가 결국 화를 냈다. 과거 음악 애호가였던 한 부인은 친숙한 곡을 연주하고 부르기 시작했다. 하지만 얼마 지나지 않아 노래를 중단했고, 피아노 건반 몇

• 앞의 책, 304-305쪽.

개를 계속 눌렀다. 가장 단조롭고 지겨운 음조로 그것을 반복했다. 사람들이 그녀의 관심을 돌려 악기에서 떼어놓지 않았다면 몇 시간은 더 그랬을 것이다.

나는 부분적으로는 음악을 많이 사용해 보았기 때문에 이번에는 집단적으로 시도해 보았다. 실험은 1824년 여름과 1825년 여름에 실시되었다. 파리에서 아주 뛰어난 음악가 몇 명과 그들을 수행하는 음악학교 학생들이 몇 주에 걸쳐 일요일마다 시료원에 모였다. 하프, 피아노, 바이올린, 관악기 몇 대, 뛰어난 성악이 협력하여 흥미롭고도 유쾌한 음악회를 마련했다.

회복기 환자, 조증 환자, 조용한 단일광 환자, 비애광 환자 중에서 여성 정신이상자 24명을 골라 회복기 환자들의 공동 침실에 편안하게 앉혔다. 음악가들은 맞은편 방에 위치했다. 공동 침실에 딸려서 작업장으로 사용하는 장소였다. […] 곡 몇 개를 모든 음조, 모든 풍조, 모든 박자에 따라, 악기의 수와 종류를 바꾸어 가며 연주하고 노래했다. 또한 여러 위대한 작품을 공연했다. 정신이상자들은 주의를 기울였다. 인상이 밝아지고, 여러 환자의 눈이 밝게 빛났다. 하지만 모두 조용했다. 몇몇은 눈물을 흘렸다. 두 환자는 노래를 부르려고 반주를 요청했다. 바라는 대로 해주었다.

이것은 불행한 환자들에게 새로운 광경이었고 영향이 없지 않았다. 그래도 치유 사례는 나오지 않았다. 심지어 정신상태의 개선도 없었다. […] 살페트리에르 병원의 여성들이 음악에 익숙하지 않아서 별 효과를 보지 못한 것이라고 반박할지 모르겠다. 하지만 과거부터 나는 평생 훌륭히 음악을 연마한 정신이상자들에게 이 요법을 시도해 보았고, 심지어 아주 능숙한 음악가들에게도 시도했지만 운이 더 좋지는 않았다. 이 실패로부터 정신이상자에게 음악을 들려주거나 직접 하도록 유인하는 것이 무익하다고 결론 내리진 않겠다. 음악은 치유가 아니더라도 기분전환을 제공하기에 진정 작용은 한다. 음악은 신체적이고 정신적인 고통을 어느 정도 완화한다. 회복기 환자에게 음악은 확실히 이롭다. 따라서 음악 처방을 포기해서는 안 된다.•

• 에스키롤, 《정신질환》, 2권, 585쪽부터.

음악요법 지지자들이 자신의 의견이나 따로 떼어낸 단편적인 환자 이야기를 근거로 주장하는 반면, 에스키롤은 방대한 통계 조사를 활용한다. 그는 '집단'을 대상으로 실험하여 의학적 전설과 편견을 해소한다. (에스키롤이 긍정적 반응을 보일 수 있는 사례를 미리 선별하지 않았다고 비판하는) 뢰레의 반론에서 불구하고, 에스키롤의 관점은 19세기 중반부터 완전히 우세하게 된다. 그리징거는 환자의 정신을 사로잡고 특히 환자를 이전 존재 방식으로 되돌리는 수단 중 하나로 음악을 거론하면서 에스키롤의 관점을 옹호한다. 치료의 대원칙은 "과거의 자아를 강화하는 것"이기에, 음악 처방은 이미 음악을 음미해 보았던 사람에게만 의미를 갖는다. "음악을 싫어하는 사람에게 악기 연주를 강제하려고 해봐야" 소용없다.• 어떤 놀이라도 이보다는 더 효과적일 것이다. 요컨대 음악은 활동요법의 기능으로, 그러니까 원예, 작업장, 체조, 지적 훈련과 같은 지위로 축소된다. 19세기가 간혹 "음악의 종교"[422]를 생각했음에도 불구하고, 세기말 실증주의 정신의학은 르네상스의 마법적 야심을 포기했다. 그리고 이것은 결정적이었다. 정신의학은 소리 자극이 감정과 정념에 작용하는 기제에 대해 아무것도 알지 못한다는 사실을 조심스레 인정했다. 정신의학은 "연상법칙"[423]을 확실한 것으로 간주하면서도, 원하는 쪽으로 연상을 유도할 수 있는 '자극stimuli'[424]의 본성을 정확히 결정할 수 없음을 순순히 인정했다. 부정확함을 합리적으로 극복할 수 없을 때 그것을 인정할 줄 아는 것, 부정확함 대신 거짓 정확함을 택하지 않는 것, 이것이 학문적 성숙이다.

가족요법

정신적 치료의 사도들은 세기 중반이 되자 사회적 치료법, "사회요법"[425]의 가능성에 주목했다. 그들에게 음악은 (벨기에의 헤일[426]을 예로 들 수 있는) "농

• 그리징거, 《정신질환론》, 552-553쪽.

업 식민지"[427]나 "가족요법"[428]에 비하면 무한히 적은 관심을 모았다. 브리에르 드 부아몽은 강제적 조치와 (긴 목욕, 찬물 주수요법注水療法[429], 건조 마찰, 사혈, 강장제, 진경제, 경관영양經管營養[430], 모르핀 등) 신체적 치료가 동원되는 급성기를 넘기면 우선적으로 "가정생활"을 권한다. 이것은 환자를 가족에게 돌려보내는 것이 아니라 가족적 치료환경을 조직하는 것, 특히 이 경우에는 사립 병원을 가족 형태로 조직하는 것을 뜻한다. 이러한 지속 치료는 여성이 감독하는 것이 바람직하다. "오직 여성만이 이 성직에 헌신할 수 있다. 여성에게 가능한 선한 일의 모범들 덕분에 이들은 용기를 가지고 희생의 길을 간다."

> 1838년 뇌브생트주느비에브 거리[431]의 요양소를 운영하게 되었을 때, 우리는 위치상의 어려움을 만회할 치료법을 도입하여 이 기관의 여러 단점을 보완하기로 했다. 뛰어나고 존경스러운 블랑슈 부인이 가정생활을 제안했고, 이 방법은 탁월해 보였다. 나는 섭리로 만난 훌륭한 동반자에게 일을 일임했다. 그녀는 이런 치료방식이 환자들에게 제공할 이점을 확신하고, 모든 종류의 단일광 환자를 자신의 거처에 들였다. 특히 자살을 기도하고, 음울한 비애에 사로잡혀 있거나 고통스러운 환각에 시달리는 자들을 불렀다. 타인을 살해하려는 생각에 사로잡힌 정신이상자도 간혹 있었다. 이와 같은 성직이 한두 시간이 아니라 종일 계속되었다. 쉬지 않고 그들과 섞여 상황에 따라 설득하고 격려하고 질책하고 놀리는 와중에, 그녀는 방문객을 맞이하고, 자신의 일을 돌보고, 환자들이 그곳에서 일어나는 일을 목격하게 했다. [⋯] 강박관념에 매달리던 단일광 환자들은 내키지 않아도 사람들이 하는 말을 억지로 듣게 되었다. 다양한 사람들, 대화, 사물이 긴 시간에 걸쳐 그들의 정신에 영향을 행사했다. 매우 흥미로운 사례를 여럿 언급할 수 있다. 조각상처럼 아무것도 듣지 못하거나, 절망하여 위험한 결심을 내비치고 끊임없이 같은 말을 늘어놓던 환자들이 매 순간 압력을 받은 끝에 동요하고, 무감각 상태에서 벗어나고, 삶의 현실로 돌아왔다.•

• 브리에르 드 부아몽, 《자살과 자살 광기》, 645쪽.

브리에르 드 부아몽 박사의 저택에서 벌어진 사건은 현재의 "집단정신요법"[432]을 예고하는 것 이상의 일이다. 따라서 여기에서 오늘날 "전이轉移"[433]라고 부르는 현상이 관찰되는 것은 놀랍지 않다.

> 증상의 성격에 따라 치료를 시작할 시기가 결정된다. 그래서 환자가 더 진정되어 강박관념만 가진 상태가 되기를 종종 기다리기도 한다. 급성 자살 충동 때문에 10시간에서 12시간 동안 목욕 처치를 받은 멜랑콜리 환자, 음식물 강제 주입이 시행된 멜랑콜리 환자, 강압적 조치의 대상이 될 수밖에 없던 멜랑콜리 환자는 이와 같은 대조적 수단을 체험함으로써 그들에게 사용된 엄격한 조치가 그들 자신을 위한 것이었음을 인정하게 된다. 또한 이 치료를 통해 환자는 동료 환자들과 분리됨으로써 다른 감정이 되살아나는 것을 느낀다. 이것은 정신에 이로운 영향을 준다. 음울한 생각이 일상적 접촉 속에서 사라지는 광경을 얼마나 많이 목격했는지! 회복기 환자들이 우리를 떠나지 않으려 한 일이 여러 번 있었다. 고마움을 느끼는 지속적 관계가 형성된 것이다. 정말 감미로운 보상이었다.•

이때 정신의학자의 배우자는 견디기 어렵고 때로는 위험한 임무를 맡는다. 더구나 그녀는 병리적 행동에 대한 낯설고 난해한 경험을 수용해야 한다. 지속 치료는 지속 관찰을 요한다. 브리에르 드 부아몽 부인의 현명한 시선 아래에서, 멜랑콜리를 "부분망상"[434]으로 규정하는 공인된 이론은 유지될 수 없음이 폭로된다. 멜랑콜리는 인격 전체를 물들인다. 그것은 실제로 어떤 능력도 예외로 남겨두지 않는다.

> 우리에게 크나큰 도움을 준 헌신적인 동반자는 완벽에 가까운 정확한 기억력으로 매일, 매 시간, 매 순간 관찰을 반복했다. 이 관찰로부터 모든 관념을 연

• 앞의 책, 648쪽.

> 결하는 일반적 관계가 있다는 것을 확인할 수 있다. 절대적으로 제한된 부분 망상이란 가당치 않다. […] 생리학과 병리학의 법칙이자 우주의 법칙인 통일성을 왜 정신에서만 부정하겠는가?•

이 특기할 만한 사실에서 어떤 결론이 도출되는가? 우울증 치료에서 어머니 형상이 큰 역할을 수행한다는 것? 브리에르 드 부아몽은 아직 거기까지 가지 않는다. 하지만 그는 최소한 정신의학자들에게 한 가지 조언을 건넨다. 나로서는 이 조언을 상기시켜야 아쉬울 일이 없을 것 같다.

> 정신이상자 치료를 목표로 삼는 의사들에게 권하고 싶다. 그것은 배우자를 고를 때 엄청난 노력을 들이라는 것이다. 병원에서 배우자는 대단한 일을 해낼 수 있다. 오직 그만이 할 수 있는 일도 있다.••

유전을 막을 수 있을까?

앞에서 보았듯이 고전적 체액론은 멜랑콜리를 명확히 규정된 물질적 변질에 연관시킨다. 체액론에서 모든 멜랑콜리 상태의 원인은 늑하부, 뇌, 혈액 안에 있는 흑담액이다. 언뜻 보면 아주 단순한 결정론이다. 하지만 전적으로 가설적인 기제를 통해 흑담액 형성이 설명되는 과정에 변이와 미묘한 차이들이 개입한다. 유전적 기질, 섭식, 나쁜 공기, 신체활동 결핍, 정액 정체, 지식 노동, 종교적 근심, 실패한 사랑, 질투심 모두가 이 기제에 참여할 수 있다. 따라서 흑담액 물질의 생산은 물질적 요인만이 아니라 지성적이고 정서적인 요인과 함께 설명된다. 그래도 이런 다양한 요인은 먼 원인이고, 직접 원인은 멜랑콜리

• 앞의 책, 648-649쪽.

•• 앞의 책, 649쪽.

상태를 발생시키는 특수한 내인성 '물질'이다. 치료법은 (사혈, 유도, 배출 등) 근접 원인에 대한 직접 작용과 (섭식, 위생, 일과, 수면 등) 먼 원인에 개입하는 조치 사이에서 선택된다.

"물질 없는" 멜랑콜리 이론이, 그다음에는 강박관념과 부분망상 이론이 신경, 지성, 정서 현상에 중요성을 부여한다. 신경계는 무엇보다 관계기관[435]이기에, 멜랑콜리("비애광")는 본질적으로 반응성 현상이자 심인성 현상으로 나타난다. 우울증 상태는 신체적 소질이나 기질에 영향을 받더라도 대개의 경우 외부 여건에 기인한 정신적 충격 혹은 과도한 긴장의 결과로 해석된다. 우울성 비애는 주체가 "비통한 생각"을 떨쳐내지 못해 그것이 계속 반향하는 것이다. 이때 신체적 현상은 대개 멜랑콜리 상태의 결과다. 몸에 작용하는 과격한 치료는 더 이상 특효요법으로 간주되지 않는다. 그런 치료가 하는 일이란 단지 주체가 정신적 치료를 준비하도록 하는 것이다. 정신적 치료의 장점은 인상, 감각, 관념의 흐름을 바꿈으로써 병에 직접 작용한다는 것이다. 최소한 그것은 강박관념이라는 이물질을 공격하고 분해하는 정신적 반응을 촉발한다. 우선 해로운 자극을 제거하고, 병인 역할을 하는 사람이나 사물을 환자가 더 이상 마주치지 않도록 환경을 바꾸는 것이 진정한 특이 원인요법이다. (예를 들어 과도한 신앙 때문에 멜랑콜리 환자가 된 사람에게는 종교적 위로를 삼간다.) 그다음 음악, 대화, 관람, 활동, 놀이, 여행 등을 통해 이로운 영향을 부과한다. 치료사의 기술은 가장 짧은 시간에 바람직한 변화가 일어나도록 이런 '자극'을 선별하고 배합하는 것이다. 체액론 치료에 영감을 제공한 것이 물질적 기적의 꿈이라면, 심리적 치료의 초기 형태는 이 야심을 다른 차원으로 이전한다. 심리적 치료는 신경 감수성의 모든 필촉과 모든 음역을 경이롭게 지배하는 이상적인 장인이 되려는 것 같다.

물론 이런 심리학은 여전히 매우 기계론적이다. 그것은 감각, 정념, 관념을 사물 혹은 물질적 과정처럼 표상한다. 이 심리학에서 병리적 행동은 두드러지든 아니든 언제나 신경 물질의 손상을 수반한다고 전제된다. 우울증의 경과가 순전히 정서적 사건에 의해 시작된다 해도, 지속적인 중증 우울증 상태가 장시간에 걸쳐 유기체를 변화시키지 않을 것이라고 믿기는 어렵다. 정서가 몸을, 특히 신경조직을 변형한다는 것을 인정해야 한다. 1864년 팔레[436]는 뇌에 대해 쓴다. "이 기관에 어떤 작용을 가하면 반드시 동시에 관념이나 감정에도 작용한다. 역으로 관념이나 감정에 작용을 가하면 반드시 뇌나 신경계 전체에 즉각 작용한다."• 그러므로 병이 유기체 손상에 기인하지 않아도 결국에는 유기체 손상이 발생한다. 바로 이런 이유에서 19세기 정신의학은 해부학적 손상을 찾는 일에 그토록 열성스럽다. 수색은 눈부신 성공을 거두기도 한다. 1822년 앙투안 로랑 벨[437]은 전신마비로 사망한 환자들에게서 특정 유형의 뇌막염을 확인한다.•• 멜랑콜리에서 이와 유사한 신체적 기질을 찾으리라 기대할 수 있지 않을까? 빈혈, 충혈, 뇌부종이 차례로 기소되었다. 특히 테오도르 헤르만 마이네르트[438]는 대부분 사례에서 허혈虛血[439]을 확인했다.••• 하지만 명확하고 근본적인 질병 특유의 이미지를 원한다면 완벽히 결정적인 것은 하나도 없다. 해부학적 기질을 찾을 수 없자 정신의학은 정교한 임상적 관찰, 통계적 조사, (맥박, 체온, 혈압 등) 측정 가능한 생리적 현상의 검출로 방향을 틀었다. 비애광, 단일광, 멜랑콜리와 같이 광범위하고 모호한 전통적 단위들을 더 특징적이고 한정된 임상적 변이로 세분화해야 할까? 더 세세히 분류하면 더 나은 치료법이 나올 것 같았다. 관찰을 통해 수집하고 확인한 첫 번째 자료 중 하나는 우울증 증상이 빈번하게 유전성과 가족성[440]을 보인다는 것이었다.

피넬은 일찍이 유전적 혹은 "태생적originaire" 광기를 말했다. 하지만 그는 오직 조증에 대해서만 이 사실을 강조했다. 후에 팔레는 '순환성 광기'[441]에 대한 고전적 묘사를 제안하면서 이 광기의 유전적 출현을 여러 번 관찰한다. 브

• 장피에르 팔레Jean-Pierre Falret, 《정신질환과 정신병원*Des maladies mentales et des asiles d'aliénés*》, 1864: 서문.

•• 앙투안 로랑 벨Antoine Laurent Bayle, 《만성 거미줄막염 연구*Recherches sur l'arachnitis chronique*》, 박사논문, 1822.

••• 테오도르 헤르만 마이네르트Theodor Hermann Meynert, 《정신의학. 앞뇌 질환의 임상*Psychiatrie. Klinik der Erkrankungen des Vorderhirns*》, 1884.

리에르 드 부아몽은 자살 경향에 대해 같은 사실을 확인할 것이다. 이제 우선적으로 고려할 것은 외부 요인, 환경, 생활 조건, 감정적 실망의 영향이 아니다. 이런 외부 영향은 기회원인에 속한다. 선천적 체질의 의미가 무한히 더 크다. 다시금 우울증 질환은 신체적 구조의 산물로, 하나의 내인성 과정으로 나타난다. '순환성 광기'의 리듬은 외부 영향을 거의 받지 않는다. 이 광기로 인한 조증 상태, 우울증 상태, 명료한 기간은 내부 법칙에 따라 연쇄된다. 그래서 팔레는 이 질환의 치료를 논하며 임상에서 고도의 경계를 게을리하지 말 것을, 정신질환의 자연적 경과를 더 면밀히 관찰할 것을 독자에게 당부할 뿐이다. 그에게는 제안할 만한 "치료 무기"가 없다.

> 정신질환 현상을 미리 엄격히 분류해 두지 않으면 실제로 특정 치료법을 어떻게 수립할 것이며, 적용할 수단의 작동 방식을 어떻게 이해하겠는가? 흡사하거나 최소한 비슷한 경우에 효과적이지 않았다면, 그리고 병의 자연적 전개를 사전에 알고 있지 않다면, 어떻게 치료 수단의 작용을 이해하겠는가? 그런데도 단지 광기 일반만 고려하고 심지어 조증과 멜랑콜리를 구별하지 않는다면, 치료는 곤란한 방향으로 흐르고 만다. 세심하게 구별할 질병 상태가 이런 명칭들로 포괄되기 때문이다.•

그래도 의사들은 잠자코 있는 것을 좋아하지 않는다. 게다가 전통의 힘은 충분히 강력해서 팔레를 고대인들의 견해로 복귀시킨다. 그래서 팔레는 멜랑콜리의 근원이 복부에 있다는 관념으로 복귀하는 대신, 이 견해를 최신 신경학 가설로 장식하여 근대화하려 애쓴다.

> 고대 저자들과 마찬가지로 우리가 보기에도 멜랑콜리의 근원과 주요 원인이 하복부 기관의 여러 장애에, 특히 교감신경계통에 있는 경우가 생각보다 흔한

• 장피에르 팔레, 《정신질환과 정신병원》, 474쪽.

> 것 같다. 따라서 우리는 대부분의 경우 멜랑콜리 환자의 복벽에 여러 처치를 실시할 것을 권한다. 우리는 고인이 된 동료 기슬랭[442] 박사의 의견에 동의한다. 그는 침대에서 지내는 방법이 몇몇 멜랑콜리 유형에 일반적으로 유용하다고 조언했다.•

팔레는 자기모순에 빠진 것인가? 유전이 멜랑콜리를 결정한다고 믿게 되면, 치료에서는 완전한 허무주의로 내몰릴 수밖에 없을까? 우리는 팔레에게서 신체적인 것과 정신적인 것이 언제나 상호 영향을 주고받는 것을 보았다. 이 원리에 따라 신체적 손상은 정신현상을 통해 어느 정도까지 개선될 수 있다. 팔레는 치료를 "기관학파"[443] 의사들의 한정된 관점에 가두기를 원치 않는다.

> 우리는 소위 정신적인 모든 수단이 동시에 신체적인 것에 작용한다고 생각한다. 또한 신경계에 작용하는 소위 신체적인 모든 수단이 동시에 정신적인 것에 혹은 지성과 정서 능력에 작용한다고 생각한다. […] 이 이론 없이는 뇌의 손상이나 유기체 다른 부분의 손상이 신체적으로 유발하는 질환에 대해 정신적 치료가 갖는 효과를 제대로 이해할 수 없을 것이다. 하지만 […] 본질을 알 수 없는 이 최초의 손상은 지성과 정서 능력을 훈련함으로써 개선될 수 있다.••

따라서 유전의 역할을 인정한다고 해서 반드시 우울증 상태의 치료 행위를 단념해야 하는 것은 아니다. 반대로 그로 인해 예방의학, 일련의 예방조치가 더 긴급히 요청된다. 이런 이유로 브리에르 드 부아몽은 "광기의 유전이 정신신체학의 원리를 공격한다"고 확신하면서, 자살 방지가 단지 근친혼이나 유사한 유전적 특성을 가진 사람들 사이의 결혼을 막는 일로 끝나지 않는다고

• 앞의 책, 서문, XXVI.
•• 앞의 책, 서문, LI.

주장한다. "자살한 부모"를 둔 아이의 도덕과 종교 교육에 열렬한 관심을 쏟아야 하고, 언젠가 파괴적 관념이 나타날 때 그것을 물리칠 수 있는 무기를 어린 시절부터 제공해야 한다.

이렇게 유전의 (혹은 퇴화의) 숙명과 사회적 사실의 효력을 동시에 확인하는 것은 낭만주의 의학[444]의 가장 흥미롭고 풍요로운 모순 중 하나다. 이때 사회적 사실에서 주요한 역할을 맡는 것이 교육적 '말parole'이다. 브리에르 드 부아몽의 표현을 따르면 위생과 교육학은 다른 추가 요법 없이도 "유전의 변경인자"가 될 수 있다. 스리즈[445] 박사는 언어가 유기체에 끼치는 효과를 논하는 매우 앞선 이론을 내놓는다. 그는 언어가 개별 유기체와 사회적 현실을 잇는 근본적 연관이라고 생각한다. 한 가지 활동 목표를 가르치는 것은 말을 통해 주체의 몸까지 변형하는 일이다.

> 하나의 활동 목표에서 연유한 관념과 감정이 뇌근육, 뇌신경절, 뇌내, 뇌 감각 중추의 수많은 신경활동 현상을 생산한다.[446]
>
> 의사는 특수하고 개인적인 활동 목표가 유발하는 생리적 영향만 고려해서는 안 된다. 그는 또한 일반적이고 사회적인 활동 목표가 민족성의 창설자이자 수호자로서 행사하는 영향을 고려해야 한다. 인민, 부족, 계급을 나누는 일반적 특성의 주된 원인이 바로 이 공통의 활동 목표에 있다.•

정신물리학적 구조화는 인간의 기획에 달려 있다. 따라서 스리즈 박사의 신경학은 사회도덕과 정신주의적 형이상학에 귀착한다. 스리즈와 그의 친구들은 종교와 "기독교 정신주의"에 기초한 정신의학 치료를 자유주의적이고 "진보주의적인" 관념 옆에 재도입한다. 일찍이 피넬은 계몽주의 시대의 계승자로서 이런 치료가 멜랑콜리 환자의 삶의 지평을 어둠에 잠기게 할지 모른다고

• 로랑 알렉시 필리베르 스리즈Laurent Alexis Philibert Cerise, 《신경기능과 신경질환*Des fonctions et des maladies nerveuses*》, 1842, 169쪽.

경고했다. (피넬의 책은 감리교의 열광[447]에 기인한 멜랑콜리 일화들을 최근 영국 저서들에서 가져와 수록하고 있다.) 유전이 총체적 결정론을 함축하는 것처럼 보이지만, 그만큼 총체적인 자유의 전망이 "활동 목표"의 요청을 통해 주어진다. 인간은 이 전망과 함께 엄격한 생리적 결정론의 영역을 넘어설 것이고, 자신의 몸을 스스로 세운 기획의 온순한 도구로 삼을 것이다. 인간이 그의 행동을 저지하는 "길항적 신경활동 작용"의 개입을 막으면서 활동 목표에 헌신한다면 비애와 멜랑콜리를 모면할 수 있을 것이다. 다행감의 팽창은 "협력적 신경활동"에서 나온다.[448] 이 작용의 힘으로 유기체는 욕망의 완수에, 다시 말해 "사회사업"의 실현에 전적으로 협력한다.

혁신과 실망

19세기는 단지 단언적 결정론의 시대 혹은 인간의 사회적 운명에 대한 낭만주의적 사변의 시대에 머물지 않는다. 이 시대에는 산업과 기술이 크게 확장되었고, 물리학의 발명과 새로운 화학물질이 끊임없이 가속되는 리듬으로 등장했다. 그런데 멜랑콜리에 대해서는, 충분히 설명하기 어렵고 어떤 특효제도 확인되지 않는 모든 병이 그렇듯이, 새로운 발견이 있을 때마다 하나씩 처방해 볼 뿐이다. 멜랑콜리는 새로 분리해 낸 모든 유효성분을 사용해 보라고 부추긴다. 아무튼 위험을 무릅쓰고 시험해 볼 가치는 있다. 대부분의 경우 각 물질에 대한 첫 번째 실험은 어느 정도 희망을 허락하는 것처럼 보이고, 이 결과에 현혹되거나 흥미를 느낀 정신들은 찬양을 늘어놓는다. 하지만 치료 효력을 충분히 검증하고 나면 상황이 바뀐다.

18세기 말 퍼펙트[449]는 (사실 오래전부터 알려졌던) 장뇌樟腦[450]와 사향의 효력을 칭송한다.* 조셉 메이슨 콕스는 디기탈리스[451] 신봉자여서 그것을 구

* 윌리엄 퍼펙트William Perfect, 《주목할 만한 광기의 사례*A Remarkable Case of Madness*》, 1791.

토제 바로 다음 자리에 둔다.• 디기탈리스는 혈액순환 효과와 더불어 강력한 구역질을 유발하기 때문에 광기에 확실한 효험이 있는 것처럼 보인다. 월계귀룽나무 수액••[452], 붉은 별봄맞이꽃('뚜껑별꽃속')•••[453] 또한 신봉자들을 거느린다. 동물자기론의 시대••••에 이어 최면술의 시대[454]가 오자, 다른 모든 질환과 마찬가지로 멜랑콜리에도 이 방법들이 처방된다. 전기유체[455]는 초기의 미숙한 방전들에서 시작해 다른 모든 방식으로 시도된다. 19세기 말에는 멜랑콜리 환자에게 감응전류를 흘려보낸다.•••••[456] 에테르, 클로로포름 등의 마취제는 발견되자마자 불안과 발광성 멜랑콜리에 처방되었다. 먼저 이런 물질들의 성공 사례가 관심을 끌고 난 후 차차 단점들이 주목받는 식이었다. 대마 수지가 유행하기도 했다. 약제의 피하투여[457]가 보급된 후, 이 새로운 방식은 즉시 각광받았고 극히 다양한 물질이 주입되었다. 염화나트륨부터 "신경액"[458]까지, 그리고 장뇌, 모르핀, 개의 혈청, 고환액[459]……. 신경생리학에서 인의 역할이 확인되자, 인이 함유된 대구 간유肝油[460]로 멜랑콜리 환자(와 "신경쇠약증 환자")를 개선할 수 있겠다는 기대가 퍼졌다. 희망은 새 약제가 나올 때마다 다시 솟았다가 거의 전적인 실망에 자리를 내준다. 새 보조제 하나를 찾은 것에 만족해야 한다.

상반되는 이론들이 평온하게 공존한다. 한때 멜랑콜리의 원인으로 금욕과 성적 방종을 동시에 고발한 것처럼, 19세기 중반에는 만성 뇌충혈, 중추신경에 혈액을 공급하는 맥관의 수축을 잇달아 내세운다. 따라서 관자놀이나 목덜미에 거머리를 붙이는 요법이 계속되며, 이와 동시에 아질산아밀[461]로

• 콕스, 《정신장애에 대한 실제적 관찰》. 프랑스어 역, 《치매에 대한 관찰》.

•• 루카스 요하네스 스판다브 두셀리에Lucas Johannes Spandaw Ducelliee, 《월계귀룽나무의 효력에 대한 논설*Dissertatio de lauro-cerasi viribus*》, 1797.

••• 카롤루스 루도비쿠스 브루흐Carolus Ludovicus Bruch, 《뚜껑별꽃*De Anagallide*》, 1758.

•••• 에스키롤, 《정신질환》. 에스키롤은 일부 멜랑콜리 환자에게 동물자기 치료를 시도했다고 보고한다. 하지만 어떤 결과도 얻을 수 없었다.

••••• 자크 루비노비치Jacques Roubinovitch · 에두아르 툴루즈Édouard Toulouse, 《멜랑콜리*La Mélancolie*》, 1897.

뇌 혈관확장을 시도하고 "침대요법"[462]으로 두부의 혈액공급을 촉진한다. 역설은 더 있다. 멜랑콜리는 흥분제와 진정제를 동시에 필요로 한다. 우울증은 신경쇠약, 과소흥분성, 만성피로 상태로 간주되기에 흥분제, 강장제, "신경제 nervin"[463]에서 이로운 영향을 받아야 할 것처럼 보인다. 압축공기 목욕[464], 산소흡입, 적광 노출[465], 온수욕, 마사지, 철산염 혹은 요오드화철, 비소, 맥각균, 스트리크닌, 에세린, 스트로판투스를 생각할 수 있고, 오래된 기나피도 잊지 말자. 하지만 이런 수단 대부분은 불면증을 악화시키고, 위험하게도 몇몇 불안성 발광 상태를 자극하지 않는가? 신경쇠약증이 일종의 "과민성 쇠약"으로 나타나듯이, 멜랑콜리는 신경 에너지의 결핍과 비정상적 자극반응성이 동시에 작용한 것이다. 이 때문에 뱅자맹 발은 우울증 현상들을 더 잘 설명해 주는 특정 형태의 흥분을 뚜렷이 비난한다. "울병의 특징으로 보이는 우울증은 대부분의 경우 '반송된 흥분excitation retournée'일 뿐이다. 그러므로 중요한 지침은 어떻게 해서든 신경계를 진정시키는 것이다."• 오늘날이라면 억압된 공격성이라고 말할 것이다.

이런 불안성 흥분을 진정시키기 위해 새로운 것을 찾아야 할까? 전통이 준 선물인 아편을 감사한 마음으로 한번 써볼 수 없을까? 양귀비 즙과 씨앗은 법으로 통제되기 전까지 멜랑콜리 환자의 개인 약상자에 자기 자리를 갖고 있었다. 그것도 보통의 평범한 약제 자리가 아니라 귀중한 비축분, '최후의 수단 ultima ratio', 위험하고 강력한 마지막 방책을 두는 상석이다. 18세기 말 라우다눔은 사교계의 약이 되었다. 권태로운 자들과 "체기가 찬" 여성들이 라우다눔에 의지한 이유는 기침, 설사, 통증 때문이 아니라 쥘리 드 레스피나스[466]의 사례처럼 '삶의 권태'가 주는 고뇌 때문이었다.••[467] 스무 살의 뱅자맹 콩스탕[468]

• 발, 《정신질환 강의》.

•• 데팡 부인Madame du Deffand의 친구인 알뢰 백작은 1749년 4월 17일 자 편지에서 아편의 효과를 이렇게 묘사한다. 아마 자신이 체험한 바를 서술한 것 같다. "아편은 피에 활기를 주고, 생각을 매우 쾌활하게 만들며, 영혼을 기분 좋은 희망으로 채웁니다. 그 작용이 멈추면 즉시 무기력, 멜랑콜리, 마비 상태에 빠집니다. […] 적어도 석 달마다 복용량을 증가

은 샤리에르 부인[469]의 소개로 라우다눔에 입문한 후, 작은 약병 하나를 항상 몸에 지니고 다닌다.• 이것은 필요할 때 자살 시늉을 할 수 있는 손쉬운 방법이었다. 콜리지[470]는 류머티즘 통증으로 라우다눔을 복용하기 시작했고 영영 끊지 못했다. 드 퀸시[471]는 심한 치통을 계기로 이 약물과 오랫동안 지속될 관계를 맺는다.•• 17세기의 마지막 몇 해 동안 영국의 의사인 페리아[472]와 이탈리아의 치아루지는 멜랑콜리에 아편을 써서 달성한 놀라운 성공을 보고한다. 물론 때로는 진정 효과가 과도할 수 있다. 따라서 너무 쇠약한 사람은 아편 처방을 피한다. 또한 마약 효과를 줄이기 위해 기나피와 같은 흥분성 강장제 적정량을 아편과 함께 쓸 수 있다. 페리아가 먼저 제안한••• 이런 약제 병용을 피넬은 조증 사례에 사용한다. 수면 유도의 목적뿐 아니라 우울불안을 진정시키려는 의도에서 복용량을 단계적으로 조절하는 아편 치료를 처음 언급한 사람은 우리가 알기로는 제네바인 루이 오디에[473]다. 그는 콕스를 번역하며 이에 대한 주석••••을 첨부한다. 오디에의 생각으로는 아편의 영구적 효과는 물론이고 심지어 일시적 완화 작용까지 부정하는 영국인 의사를 반박하기 위해 이 주석을 넣어야만 했다.

> 내가 보기에 아편은 […] 모든 치료제 중에서 이 병에 대해 가장 확실한 성공을 약속한다. 한 젊은 처자가 엄청난 절망과 삶에 대한 혐오를 불어넣는 중증

시켜야 하지요. 아편은 식욕을 감소시키고 신경을 공격합니다. 아편을 사용하는 사람은 야위고 노란빛을 띠게 됩니다. 노란빛을 띠다 야위기까지 하면, 그리고 노란빛이 초록빛으로 변한다면, 죽음이 멀지 않은 것입니다. 아편을 복용하고 싶으십니까?" 피에르 드 세귀르Pierre de Ségur, 《쥘리 드 레스피나스*Julie de Lespinasse*》, 1905.

• 뱅자맹 콩스탕Benjamin Constant, 《붉은 수첩*Le Cahier rouge*》, in 《저작집*Œuvres*》, 1957.

•• 토머스 드 퀸시Thomas de Quincey, 《어느 영국인 아편 중독자의 고백*Confessions of an English Opium-Eater*》, 1822. 프랑스어 역, 《어느 영국인 아편 중독자의 고백*Les Confessions d'un mangeur d'opium anglais*》, 1990.

••• 존 페리아John Ferriar, 《의학적 사례와 고찰*Medical Histories and Reflections*》, 1792.

•••• 콕스, 《정신장애에 대한 실제적 관찰》. 프랑스어 역, 《치매에 대한 관찰》, 69쪽.

> 멜랑콜리를 오래 앓고 있었다. 그녀는 자살을 수차례 시도했다. 어느 날 그녀는 독을 달라고 간곡히 부탁했다. 나는 우선 그녀를 말리려고 해보았다. 하지만 결국 죽이든지 고치든지 둘 중 하나는 해낼 약을 주겠다고 약속했다. 나는 아편 1그레인과 사향 6그레인을 배합한 가루약을 처방하여 4시간마다 복용하도록 시켰다. 그녀는 이 약이 자신의 삶을 끝낼 것이라 희망하며 확신에 차서 약을 먹었다. (왜냐하면 그녀는 회복이 절대적으로 불가능하다고 생각했기 때문이다.) 약은 우선 긴장을 유발했다. 그녀는 죽음을 기다리며 평화로운 밤을 보냈다. 나는 복용량을 조금씩 늘렸다. 결국 하루에 사향 30그레인과 아편 30그레인을 배합한 것을 처방했다. 이 가루약의 이로운 영향 덕분에 그녀는 점차 평온과 희망을 되찾았고 마침내 완전한 치유를 내다보게 되었다. 그리고 머지않아 실제로 회복되었다.

흥미로운 사실은 병이 재발했다는 것, 그리고 루이 오디에가 동일한 치료로 역시 매우 신속하게 병을 다스렸다는 것이다.

아편(혹은 1805년 제르튀르너[474]가 분리한 모르핀[475])은 널리 사용되고 공인될 것이다. 19세기 중엽 신념에 찬 아편요법 지지자를 자임하는 정신의학자 목록은 짧지 않다. 미쉐아•[476], 브리에르 드 부아몽••, 기슬랭•••, 첼러[477], 그리징거••••, 엥겔켄•••••[478], 에를렌마이어••••••[479], 시모어•••••••[480]…….

• 다음에서 인용되었다. 그리징거, 《정신질환론》, 543쪽.

•• 브리에르 드 부아몽, 《자살과 자살 광기》, 641쪽.

••• 조제프 기슬랭Joseph Guislain, 《정신질환에 대한 구두 강의*Leçons orales sur les phrénopathies*》, 3권, 1852, 28쪽.

•••• 그리징거, 《정신질환론》.

••••• 프리드리히 엥겔켄Friedrich Engelken, 〈정신병과 몇몇 유사 질환에서 아편의 사용Die Anwendung des Opiums in Geisteskrankheiten und einigen verwandten Zuständen〉, 《정신의학과 법정신의학 저널*Allgemeine Zeitschrift für Psychiatrie und psychisch-gerichtliche Medicin*》, 8, 393, 1851.

•••••• 아돌프 알브레히트 에를렌마이어Adolf Albrecht Erlenmeyer, 《정신질환 초기의 증상과 치료*Symptômes et traitement des maladies mentales à leur début*》, 1868, 140쪽.

••••••• 다음에서 인용되었다. 브리에르 드 부아몽, 《자살과 자살 광기》, 641쪽. 또한 다음을 보라.

거의 모두가 단계적으로 복용량을 늘리는 방법을 사용한다.

"오 정확하고 미묘하고 강력한 아편이여!"• 아편은 자신에게 의존하게 된 사람들이 빠져나가도록 두지 않는다. 아편의 다행감이 우울성 불쾌감보다 더 위험한 경우가 흔하지 않은가? 몇몇 환자는 진정되기는커녕 발작을 일으킨다. 다루기 덜 까다로운 진정제를 찾아야 한다. 벨라도나, 독말풀, 사리풀 등 약제 목록에서 오랫동안 아편을 보좌한 가짓과 식물들이 떠오른다. 나케[481]에 이어 마냥[482]은 멜랑콜리에 대한 스코폴라민[483]의 효과를 매우 중시할 것이다.•• 하지만 코발레스키[484]는 1890년 프랑스어로 번역된 저작에서 아편과 히오시아민[485]이 최종적으로 포수클로랄[486]에게 자리를 내어주었다고 선언한다.••• 다른 많은 이들처럼 코발레스키는 코카인이 신경쇠약증과 멜랑콜리에 대한 훌륭한 진통제가 될 것이라고 믿었다. 그는 코카인을 다량 복용할 것을 권장했다. 환멸은 금방 찾아왔다. 무해성 브롬화물[487]로 불안을 가라앉히는 것에 만족해야 했다. 하지만 이제 술포날, 우레탄, 파라알데히드 등 새로운 수면제가 등장할 차례다…….[488] 아아, 그런데 이것들은 발광과 불면증을 다스린다 싶더니 혼미를 일으키는구나!

오귀스트 부아쟁Auguste Voisin, 〈모르핀 염산염의 피하투여를 통한 광기 치료Du traitement de la folie par les injections hypodermiques de chlorhydrate de morphine〉, 《의학심리학지*Annales médico-psychologiques*》, 13, 121쪽, 256쪽, 1875.

• 보들레르, 《아편 중독자*Un mangeur d'opium*》, I, in 《인공 낙원*Les Paradis artificiels*》, 1931 (1860).

•• 발랑탱 마냥Valentin Magnan, 《정신질환에 대한 임상 강의*Leçons cliniques sur les maladies mentales*》, 1893.

••• 파벨 이바노비치 코발레스키Pavel Ivanovitch Kovalevsky, 《정신질환과 신경질환에 대한 위생과 치료*Hygiène et traitement des maladies mentales et nerveuses*》, 1890.

1900: 의학적 조력의 잠정적 한계

19세기 말 크레펠린[489]은 말한다.• "조울증의 원인요법은 존재하지 않는다." 뤼스[490]는 묻는다.•• 멜랑콜리 환자의 치유를 말할 수 있는가? 아니다. "병은 환자 안에 계속 잠복해 있어 기회원인이 작용하면 재발할 수 있다." 세기말 과학은 낭만주의 정신의학 이상으로 "유전적 소질의 싹"이 가진 힘을 확신한다. 뤼스는 대부분 사례에서 병이 가차 없이 발현됨을 관찰한다. 그는 회복한 것처럼 보인 환자들이 "2년이나 3년의 간격을 두고 몇 번이나 재발하고 회복했다가 다시 재발하여, 결국 기이한 성격과 괴상한 행동을 보이는 성격의 수동성 상태로, 그러니까 치매의 첫 단계로 나아가는 것을 보았다".

마지막으로 이와 동시대의 진중한 연구서인 루비노비치와 툴루즈의 저작을 참고하자. 이 책에서 철저하고도 절충적으로 멜랑콜리 치료를 논하는 챕터에는 많은 약리학적 수단과 함께 위생 조치, 정신적 기법에 대한 다양한 권고가 담겨 있다.••• 하지만 충분한 경험을 가진 두 저자는 변함없이 효과적이고 보편적으로 유효한 특이요법을 알지 못한다고 인정한다. (헬레보루스와 같은) 약물을 통한 완전한 유도를 꿈꾸던 시절도, 정신적 치료로 망상의 핵인 강박관념을 파괴하는 꿈을 꾸던 시절도 지나갔다. 천 가지 수단이 있지만 어떤 것도 확실한 치료법이 아니다. 천 가지 작은 무기가 있지만 우리는 여전히 무력하다. 이런 방법 중 어떤 것도 결정적이지 않다는 사실을 인정한 후 치료법들을 끈기 있게 병치해야 한다. 무력감에 휩싸이면 으레 다음 수순은 허무주의에서 도피처를 찾는 것이다. 어떤 것도 먹히지 않으니, 따라서 아무것도 하지 말자. 하지만 의학은 빈손으로 나앉지 않는다. 이 경우 남은 가능성은 다중약물요법, 그러니까 상상할 수 있는 모든 수단을 시도하는 것이다. 이것은 더

• 에밀 크레펠린Emil Kraepelin, 《정신의학*Psychiatrie*》, 3권, 1909-1915, 1391쪽.

•• 쥘 뤼스Jules Luys, 《광기의 치료*Le Traitement de la folie*》, 1893, 283쪽부터.

••• 루비노비치·툴루즈, 《멜랑콜리》, 354-415쪽.

이상 르네상스 의사들의 약물요법만큼 야심적이지 않으며, 피넬의 정당한 공격을 유발할 만한 것도 아니다. 다중약물요법은 풀죽은 사람처럼 겸손한 다양성이어서, 자신이 그리 효과적이지 않다는 사실에 대해 미리 양해를 구한다.

특효제를 자임한 방법 대부분은 지금도[491] 사용되지만, 소박한 평가를 받으며 최소한의 포부만 품는다. 우리는 목욕을 지시하고, 배출을 부과하고, 발적을 일으키고 강장제와 진정제를 처방한다. 하지만 멜랑콜리를 진정으로 고칠 것이라고 약속하지 않는다. 우울증 환자에게서 가장 고통스러운 몇 가지 증상을 완화할 뿐이다. 우리는 환자에게 음식을 먹임으로써, 그리고 지속적 감시를 통해 자살 충동에 대비함으로써 최악을 막는다. 우리는 정신의 기제를 좌지우지하겠다고 더는 주장하지 않기 때문에 어떤 활동도 강제로 '부과하지imposer' 않는다. 자신이 환자를 바꿀 수 있다고 믿을 정도로 오만한 사람은 이제 없다. 우리는 환자가 그의 자발성에서 나온 주도권을 통해 스스로를 바꿀 최적의 기회를 제공할 뿐이다. 병 자체에 확실한 영향을 끼칠 수 없으니 그저 "보조적" 처치를 늘려 회복 절차에 힘을 보탠다. 불가해한 원인을 공략하는 기적적 처치에 대한 옛 꿈은 이렇게 추방된다. 1900년의 정신의학자들은 치료에서 의사의 몫이 사소하다는 사실을 인정했다. 치유란 신비롭고 임의적인 행위다. 이 행위를 통해 유기체는 자신에게 제시된 도움에 제멋대로 응답한다. 멜랑콜리에 빠진 몸은 아마도 응답할 수 없는 상태이지 않을까……. 의학은 체념하고 겸손해지기로 한다. 의학은 유기체를 억제 상태에서 벗어나게 할 과학적이고 제어 가능한 기법을, 우울증 의식의 토대가 되는 저 침울한 체감을 바꿀 기법을 보유하고 있지 않다. 의학은 무엇을 통해서도 멜랑콜리의 기초 상태가 되는 '활력vitalité' 장애에 개입할 수 없다. 의학의 유일한 기능은 조력하는 것이다. 이 기능은 무시할 만한 것이 아니다. 다만 의학은 돕는다는 것이 우울증의 경과를 '지켜보는assister'[492] 것일 뿐임을 인지한 채 돕는다. 심층의 기능과 조절 작용을 회복하기 위해 할 수 있는 일이 없다 해도, 가장 긴급한 필요에 대비하고 환자의 생명을 지키는 일은 하찮지 않다.

그럼에도 불구하고 19세기 말의 심리학은 멜랑콜리를 신체적 치료로 고칠 가능성을 전적으로 승인한다. 조르주 뒤마[493]는 쓴다. "멜랑콜리는 정신적 단위로 존재하지 않는다." 그것은 "몸의 상태에 대한 의식일 뿐이다".• 의학은 원리적으로 이 "몸의 상태"에 개입할 완전한 자격을 갖는다. 분명 개인이 자신의 "내적 시간"을 느끼고, 지평의 정서적 색깔을 관조하고, 행위와 생각에 수반되는 특성으로서 편안함과 불편함을 체험할 때, 이러한 체험의 기반이 되는 특수한 신체적 조직이 있다. 다만 이 시기 의학은 그러한 조직에 어떤 힘도 행사하지 못했다. 멜랑콜리에 빠진 인간은 그 후로도 수십 년간 접근할 수 없는 유형의 존재로 남을 것이다. 그는 지하 독방의 죄수이고, 열쇠는 아직 발견되지 않았다.

• 조르주 뒤마Georges Dumas, 《멜랑콜리에서 지성의 상태*Les États intellectuels dans la mélancolie*》, 1895, 141쪽.

1960년 박사논문의 참고문헌

일반

Ackerknecht, Erwin H., *Kurze Geschichte der Psychiatrie*, Stuttgart, 1957.

Laehr, Heinrich, *Die Literatur der Psychiatrie, Neurologie und Psychologie von 1459 bis 1799*, 3 vol., Berlin, 1900.

Laignel-Lavastine Maxime, et Vinchon, Jean, *Les Malades de l'esprit et leurs médecins du XVIe au XIXe siècle*, Paris, 1930.

Lewis, Aubrey J., "Melancholia : historical review", *Journal of Mental Science*, 80, 1, 1934.

Lewis, Nolan Don Carpentier, *A Short History of Psychiatric Achievement*, New York, 1941.

Semelaigne, Louis-René, *Les Grands Aliénistes français*, 2 vol., Paris, 1894.

Semelaigne, Louis-René, *Les Pionniers de la psychiatrie française avant et après Pinel*, 2 vol., Paris, 1930-1932.

Vie, Jacques, *Histoire de la psychiatrie*, dans : M. Laignel-Lavastine, *Histoire générale de la médecine*, vol. III, Paris, 1949.

Zilboorg, Gregory, et Henry, George William, *A History of Medical Psychology*, New York, 1941.

연구

Aetius Amidenus, *De melancholia*, dans : *Claudii Galeni opera omnia*, éd. par C. G. Kühn, vol. XIX, Leipzig, 1830.

Agrippa de Nettesheim, Henricus Cornelius, *De occulta philosophia*, Cologne, 1533.

Alexander Trallianus, *Libri duodecim*, Bâle, 1556.

Arétée de Cappadoce, dans : C. G. Kühn, *Medicorum Graecorum opera quae exstant*, vol. XXIV, Leipzig, 1828. Traduction française par L. Renaud, *Traité des signes, des causes et de la cure des maladies aiguës et chroniques*, Paris, 1834.

Aristote, *Problemata*.

Babinski, Joseph, "Guérison d'un cas de mélancolie à la suite d'un accès provoqué de vertige voltaïque", *Revue neurologique*, 11, 525, 1903.

Ball, Benjamin, *Leçons sur les maladies mentales*, 2e éd., Paris, 1880-1883.

Baudelaire, Charles, *Journaux intimes*, éd. par J. Crépet et G. Blin, Paris, 1949.

Baudelaire, Charles, *Les Paradis artificiels*, Paris, 1931 (1re éd. 1860).

Bayle, Antoine Laurent, *Recherches sur l'arachnitis chronique*, thèse, Paris, 1822.

Blackmore, Richard, *A Treatise on the Spleen and Vapours*, Londres, 1725.

Boerhaave, Herman, *Praxis medica*, 5 parties en 3 vol., Padoue, 1728.

Boissier de Sauvages, François, *Nosologia methodica*, 5 vol., Amsterdam, 1763.

Brierre de Boismont, Alexandre-Jacques-François, *Du suicide et de la folie-suicide*, 2e éd., Paris, 1865.

Bright, Timothy, *A Treatise of Melancholie*, Londres, 1586.

Browne, Richard, *Medicina Musica, or a Mechanical Essay on the Effects of Singing, Musick, and Dancing on Human Bodies, to which is annexed a New Essay on the Nature and Cure of the Spleen and Vapours*, Londres, 1674.

Bruch, Carolus Ludovicus, *De anagallide*, Strasbourg, 1758.

Burton, Robert, *The Anatomy of Melancholy*, Oxford, 1621 ; éd. par A. R. Shilleto, 3 vol., Londres, 1893.

Cabanis, Pierre Jean Georges, *Rapports du physique et du moral de l'homme*, 2 vol., Paris, 1802.

Caelius Aurelianus, *De morbis acutis et chronicis*, traduction anglaise par I. E. Drabkin, Chicago, 1950.

Calmeil, Louis-Florentin, article "Lypémanie", dans : *Dictionnaire encyclopédique des sciences médicales*, 2e série, tome III, Paris, 1870.

Campanella, Tommaso, *Del senso delle cose e della magia*, éd. par A. Bruers, Bari, 1925.

Cassien, Jean, *De institutis coenobiorum*, Migne, PL, vol. IL et L. Cazenave, Pierre-Louis-Alphée, article "Hellébore", dans : *Dictionnaire de médecine*, éd. par N. Adelon, et coll., 30 vol., 2e éd., Paris, 1832- 1846, vol. XV.

Celsus, Aulus Cornelius, *De arte medica*, III, 18, dans : *Corpus medicorum Latinorum*, vol. I, éd. par F. Marx, Leipzig et Berlin, 1915.

Cerise, Laurent Alexis Philibert, *Des fonctions et des maladies nerveuses*, Paris, 1842.

Cheyne, George, *The English Malady : or, a Treatise of Nervous Diseases of all Kinds ; as Spleen, Vapours, Lowness of Spirits, Hypochondriacal and Hysterical Distempers, etc.*, en trois parties, Londres, 1733.

Chiarugi, Vincenzo, *Della pazzia in genere, e in specie*, 3 vol., Florence, 1793.

Constant de Rebecque, Benjamin, *Le Cahier rouge, dans : Œuvres*, éd. par A. Roulin, Paris, 1957.

Constantinus Africanus, *Opera*, 2 vol., Bâle, 1536-1539.

Cox, Joseph Mason, *Practical Observations on Insanity*, Londres, 1804. Traduction française par L. Odier, Observations sur la démence, Genève, 1806.

Crichton, Alexander, *An Inquiry into the Nature and Origin of Mental Derangement*, 2 vol., Londres, 1798.

Cullen, William, *First Lines of the Practice of Physic*, 2 vol., Édimbourg, 1777-1779.

Dante, *Divine Comédie*.

De Quincey, Thomas, *Confessions of an English Opium-Eater*, Londres, 1822.

Diderot et d'Alembert, *Encyclopédie*, 35 vol., Paris, 1751-1780.

Dioscorides, Pedanius Anazarbeus, *De materia medica*, 3 vol., éd. par M. Wellmann, Berlin, 1906-1914.

Donne, John, *The Poems of John Donne*, éd. par H. J. C. Grierson, Oxford, 1933.

Du Bellay, Joachim, *Les Regrets*, Paris, 1558, dans : *Œuvres poétiques*, 6 vol., éd. par H. Chamard, vol. II (1910), Paris, 1908-1931.

Du Deffand, Marie, *Lettres à Horace Walpole*, 3 vol., Londres, 1912.

Du Laurens, André, *Discours de la conservation de la veue ; des maladies melancholiques ; des catarrhes ; et de la vieillesse*, Paris, 1597. Traduction anglaise par R. Surphlet, *A Discourse of the Preservation of the Sight ; of Melancholike Diseases ; of Rheumes and of Old Age*, Londres, 1599 ; Shakespeare Association Facsimiles No. 15, Oxford, 1938.

Dumas, Georges, *Les États intellectuels dans la mélancolie*, Paris, 1895.

Engelken, Friedrich, "Die Anwendung des Opiums in Gelsteskrankheiten und einigen verwandten Zuständen", *Allgemeine Zeitschrift für Psychiatrie und psychisch-gerichtliche Medicin*, 8, 393, 1851.

Erlenmeyer, Adolf Albrecht, *Symptômes et traitement des maladies mentales à leur début*, traduction française par J. de Smeth, Bruxelles, 1868.

Esquirol, Jean-Étienne Dominique, *Des maladies mentales*, 2 vol., Paris, 1838.

Falret, Jean-Pierre, *Des maladies mentales et des asiles d'aliénés*, Paris, 1864.

Fermin, Philippe, *Instructions importantes au peuple sur les maladies chroniques*, 2 vol.,

Paris, 1768.

Fernel, Jean, *Les Sept Livres de la thérapeutique universelle, mis en François par le sieur B. du Teil*, Paris, 1648.

Fernel, Jean, *Universa medicina*, Paris, 1567.

Ferrand, Jacques, *De la maladie d'amour, ou mélancholie érotique. Discours curieux qui enseigne à cognoistre l'essence, les causes, les signes et les remèdes de ce mal fantastique*, Paris, 1623.

Ferriar, John, *Medical Histories and Reflections*, Londres, 1792.

Ficinus, Marsilius, *Opera omnia*, 2 vol., Bâle, 1576.

Flaubert, Gustave, *La Tentation de saint Antoine*, Paris, 1874, dans : *Œuvres complètes*, vol. III, Paris, 1924.

Flemyng, Malcolm, *Neuropathia ; sive de morbis hypocondriacis et hystericis, libri tres, poema medicum*, York, 1740.

Forestus, Petrus, *Observationum et curationum medicinalium ac chirurgicarum opera omnia*, Francfort, 1634.

Fracassini, Antonio, *Opuscula pathologica, alterum de febribus, alterum de malo hypochondriaco*, Leipzig, 1758.

Galien, *Claudii Galeni opera omnia*, éd. par C. G. Kühn, 20 vol., Leipzig, 1821-1833.

Galien, *Des lieux affectés*, III, IX, dans le volume II des *Œuvres de Galien*, traduction française par Ch. Daremberg, 2 vol., Paris, 1854-1856.

Geiger, Malachias, *Microcosmus hypochondriacus sive de melancholia hypochondriaca tractatus*, Munich, 1651.

Goethe, *Vérité et Poésie*, livre XIII.

Graebner, Gottfried Lebrecht, *De melancholia vera et simulata*, Halle, Magdebourg, 1743.

Green, Matthew, *The Spleen*, dans : *Minor Poets of the XVIIIth Century*, éd. par Fausset, Everyman's Library, Londres.

Griesinger, Wilhelm, *Traité des maladies mentales*, traduction française par P.- A. Doumic, Paris, 1865.

Guislain, Joseph, *Leçons orales sur les phrénopathies*, 3 vol., Gand, 1852.

Harvey, Gideon, *Morbus Anglicus, or a Theoretick and Practical Discourse of Consumptions, and Hypocondriack Melancholy*, Londres, 1672.

Heinroth, Johann Christian August, *Lehrbuch der Störungen des Seelenlebens*, 2 vol., Leipzig, 1818.

Highmore, Nathanael, *Exercitationes duae ; quarum prior de passione hysterica ; altera de affectione hypochondriaca*, 3e éd., Iéna, 1677.

Hildegarde de Bingen, *Hildegardis causae et curae*, éd. par P. Kaiser, Leipzig, 1903.

Hildegarde de Bingen, *Subtilitates*, Migne, PL, vol. CXCVII.

Hippocrate, *Œuvres complètes d'Hippocrate*, éd. par É. Littré, 10 vol., Paris, 1839-1861.

Hofer, Johannes, *Dissertatio medica de nostalgia oder Heimwehe*, Bâle, 1688.

Hoffmann, Frédéric, *La Médecine raisonnée*, traduction française par J.-J. Bruhier, 9 vol., Paris, 1739-1743.

Homère, *Iliade* ; *Odyssée*.

Jacobi, Maximilian, *Die Hauptformen der Seelenstörungen in ibren Beziehungen zur Heilkunde*, Leipzig, 1844.

Saint Jérôme, *Epistulae*, éd. par I. Hilberg, 3 tomes en 2 volumes, Vienne et Leipzig, 1910-1918.

Kircher, Athanasius, *Musurgia universalis*, Rome, 1650.

Kovalevsky, Pavel Ivanovitch, *Hygiène et traitement des maladies mentales et nerveuses*, traduction française par W. de Holstein, Paris, 1890.

Kraepelin, Emil, *Psychiatrie*, 8e éd., 4 vol., Leipzig, 1909-1915.

Krafft-Ebing, Richard von, *Lehrbuch der Psychiatrie auf klinischer Grundlage*, 3e éd., Stuttgart, 1888.

Kratzenstein, Christian Gottlieb, *Dissertatio de vi centrifuga ad morbos sanandos applicata*, Copenhague, 1765.

La Fontaine, Jean de, *Fables*.

Leuret, François, *Du traitement moral de la folie*, Paris, 1840.

Lorry, Anne-Charles, *De melancholia et morbis melancholicis*, 2 vol., Paris, 1765.

Luys, Jules, *Le Traitement de la folie*, Paris, 1893.

Magnan, Valentin, *Leçons cliniques sur les maladies mentales*, 2e éd., Paris, 1893.

Marquet, François-Nicolas, *Nouvelle Méthode facile et curieuse, pour connoitre le pouls par les notes de la musique*, 2e éd., augmentée de plusieurs observations et réflexions critiques, et d'une dissertation en forme de thèse sur cette méthode ; d'un mémoire sur la manière de guérir la mélancolie par la musique, et de l'éloge historique de M. Marquet par P.-J. Buchoz, Amsterdam, 1769.

Meynert, Théodore Hermann, Psychiatrie. *Klinik der Erkrankungen des Vorderhirns*, Vienne, 1884.

Montaigne, Michel de, *Essais*, éd. par A. Thibaudet, Paris, 1946.

Montaigne, Michel de, *Journal de voyage*, éd. par L. Lautrey, Paris, 1906.

Montanus, Ioannes Baptista (Monti, Giovanni Battista), *Consilia medica omnia*, Nuremberg, 1559.

Morel, Bénédict-Augustin, *Traité des maladies mentales*, Paris, 1860.

Oribase, *Œuvres d'Oribase*, texte grec et traduction française, éd. par C. Bussemaker et Ch. Daremberg, 6 vol., Paris, 1851-1876.

Paracelsus, Theophrastus, *Von den Krankheiten, die der Vernunft berauben*, dans : Sämtliche Werke, éd. par K. Sudhoff, 1re partie, vol. II, p. 452, Munich et Berlin, 1930.

Paul d'Égine, *Pragmateia*, éd. par J. L. Heiberg, *Corpus medicorum Graecorum*, IX, 1, 2, Leipzig et Berlin, 1921-1924.

Pelletan, Pierre, article "Ellébore", dans : vol. XI (1815) du *Dictionnaire des sciences médicales*, 60 vol., Paris, 1812-1822.

Perfect, William, *A Remarkable Case of Madness*, Rochester, 1791.

Pétrarque, *Opera quae exstant omnia*, 4 tomes en 2 volumes, Bâle, 1554.

Pinel, Philippe, *Traité médico-philosophique sur l'aliénation mentale, ou la manie*, 2e éd., Paris, 1809.

Pinel, Philippe, article "Ellébore" dans : *Encyclopédie méthodique*, série Médecine, tome V, 2e partie, Paris, 1792.

Pinel, Philippe, article "Mélancolie", dans : *Encyclopédie méthodique*, série Médecine, tome IX, 2e partie, Paris, 1816.

Pirandello, Luigi, *Henri IV*, traduction française par B. Crémieux, Paris, 1928.

Plater, Felix, *Praxeos seu de cognoscendis... affectibus tractatus*, 2 vol., Bâle, 1602-1603.

Plater, Felix, *Observationes in hominis affectibus plerisque*, Bâle, 1614.

Pline l'Ancien, *Histoire naturelle*, texte latin et traduction française par P.-C.-B. Guéroult, 3 vol., Paris, 1802.

Plutarque, *Vies des hommes illustres*, traduction française par J. Amyot, 2 vol., Genève, 1604-1610.

Pomme, Pierre, *Traité des affections vaporeuses des deux sexes*, Lyon, 1763.

Ramos de Pareja, Bartolomeo, *Musica pratica*, Bologne, 1482. Réédition d'après les originaux par J. Wolf, Leipzig, 1901.

Raulin, Joseph, *Traité des affections vaporeuses du sexe*, 2e éd., Paris, 1759.

Reil, Johann Christian, *Rhapsodieen über die Anwendung der psychischen Curmethode auf Geisteszerrüttungen*, 2e éd., Halle, 1818 (1re éd. 1803).

Renzi, Salvatore de, *Collectio Salernitana*, 5 vol., Naples, 1852-1859.

Roubinovitch, Jacques, et Toulouse, Édouard, *La Mélancolie*, Paris, 1897.
Rousseau, Jean-Jacques, *Confessions*, dans : *Œuvres complètes*, vol. I, éd. par B. Gagnebin et M. Raymond, Paris, 1959.
Rufus d'Éphèse, *Œuvres*, texte grec et traduction française, éd. par Ch. Daremberg et Ch.-E. Ruelle, Paris, 1879.
Sénèque, *De tranquillitate animi*, éd. par R. Waltz, dans : *Dialogues*, vol. IV, Paris, 1927.
Shakespeare, *Works*, Oxford, 1920.
Spandaw du Celliée, *Dissertatio de lauro-cerasi viribus*, Groningue, 1797.
Sophocle, *Les Trachiniennes*.
Swift, Jonathan, *Gulliver's Travels*, Londres, 1726. Voir partie IV, *A Voyage to the Houyhnhnms*, chapitre VII.
Sydenham, Thomas, *Dissertatio epistolaris... de affectione hysterica*, Londres, 1682. Traduction française par A.-F. Jault, dans : *Médecine pratique de Sydenham*, Paris, 1774.
Sylvius, Jacobus (Dubois, Jacques, d'Amiens), *Opera medica*, Genève, 1630.
Tissot, Samuel-Auguste-André-David, *Essai sur les maladies des gens du monde*, 3e éd., Paris, 1771.
Vanini, Lucilio, *Dialogi de admirandis naturae reginae deaeque mortalium arcanis*, Paris, 1616.
Voisin, Félix, *Des causes morales et physiques des maladies mentales*, Paris, 1826.
Voltaire, *Œuvres complètes*, éd. par L. Moland, 52 vol., Paris, 1877-1885.
Walton, Izaak, *The Compleat Angler*, Londres, 1653.
Zacutus, Abraham, *Opera*, Lyon, 1657.
Zimmermann, Johann Georg, *Über die Einsamkeit*, 4 vol., Leipzig, 1784-1785.

참고

Allen, Don Cameron, "Donne on the mandrake", *Modern Language Notes*, 74, 393, 1959.
Babb, Lawrence, *The Elizabethan Malady*, East Lansing, 1951.
Bachelard, Gaston, *La Formation de l'esprit scientifique. Contribution à une psychanalyse de la connaissance objective*, Paris, 1938.
Belloni, Luigi, "The mandrake", dans : S. Garattini et V. Ghetti (éd.), *Psychotropic Drugs, Proceedings of the International Symposium on Psychotropic Drugs*, Milan,

1957, p. 5-9.
Belloni, Luigi, "Dall'elleboro alla reserpina", *Archivio di psicologia, neurologia e psichiatria*, 17, 115, 1956.
Bleuler, Manfred, *Les Dépressions en médecine générale*, traduit de l'allemand par le Dr A. Werner, Lausanne, 1945.
Bober, Harry, "The zodiacal miniature of the *Très Riches Heures* of the Duke of Berry. Its sources and meaning", *Journal of the Warburg and Courtauld Institutes*, 11, 1, 1948.
Butcher, Samuel Henry, "The melancholy of the Greeks", dans : *Some Aspects of the Greek Genius*, 3e éd., New York, 1916.
Castiglioni, Arturo, *Histoire de la médecine*, traduction française par J. Bertrand et F. Gidon, Paris, 1931.
Chastel, André, *Marsile Ficin et l'art*, Genève, 1954.
Chastel, André, "Melancholia in the sonnets of Lorenzo de' Medici", *Journal of the Warburg and Courtauld Institutes*, 8, 61, 1945.
Curtius, Ernst Robert, *Europäische Literatur und lateinisches Mittelalter*, 1re éd., Berne, 1948 (2e éd. 1954).
Daremberg, Charles, *Histoire des sciences médicales*, 2 vol., Paris, 1870.
Dodds, Eric Robertson, *The Greeks and the Irrational*, Berkeley et Cambridge, 1951.
Doughty, Oswald, "The English malady of the eighteenth century", *The Review of English Studies*, 2, 257, 1926.
Drabkin, Israel Edward, "Remarks on ancient psychopathology", *Isis*, 46, 223, 1955.
Edelstein, Ludwig, et Jeannette, Emma, *Asclepius. A Collection and Interpretation of the Testimonies*, 2 vol., Baltimore, 1945-1946.
Ernst, Fritz, *Vom Heimweh*, Zurich, 1949.
Florkin, Marcel, *Médecine et médecins au pays de Liège*, Liège, 1954.
Guardini, Romano, *De la mélancolie comme témoignage de l'absolu*, traduction française par J. Ancelet-Hustache, Paris, 1952.
Häser, Heinrich, *Lehrbuch der Geschichte der Medizin und der epidemischen Krankheiten*, vol. I : *Geschichte der Medizin im Altertum und Mittelalter*, 3e éd., Iéna, 1875.
Heiberg, J. L., "Geisteskrankheiten im klassischen Altertum", *Allgemeine Zeitschrift für Psychiatrie und psychisch-gerichtliche Medicin*, 86, 1, 1927.
Jaeger, Werner, *Paideia*, 2e éd., 3 vol., Berlin, 1954. (Cf. vol. II, livre III, *Die griechische Medizin als Paideia*, p. 11-58.)

Kristeller, Paul Oskar, *The Philosophy of Marsilio Ficino*, traduction anglaise par V. Conant, New York, 1943.
Lely, Gilbert, *La Vie du marquis de Sade*, 2 vol., Paris, 1957.
Le Savoureux, Henry, *Contribution à l'étude des perversions de l'instinct de conservation : le spleen*, thèse, Paris, 1913.
Macht, David I., "The history of opium and some of its preparations and alkaloids", *Journal of the American Medical Association*, 64, 477, 1915.
Marcel, Raymond, *Marsile Ficin*, Paris, 1956.
Müri, Walter, "Melancholie und schwarze Galle", *Museum helveticum*, 10, 21, 1953.
Panofsky, Erwin, et Saxl, Fritz, *Dürers 'Melencolia I'*, Leipzig, 1923.
Puschmann, Theodor, *Handbuch der Geschichte der Medizin*, 3 vol., Iéna, 1902-1905.
Ramming-Thön, Fortunata, *Das Heimweh*, thèse, Zurich, 1958.
Rehm, Walter, *Experimentum medietatis, Studien zur Geistes-und Literaturgeschichte des 19. Jahrhunderts*, Munich, 1947.
Saxl, Fritz, *Lectures*, 2 vol., Londres, 1957.
Schaerer, René, *L'Homme antique et la structure du monde intérieur d'Homère à Socrate*, Paris, 1958.
Schmidt, Albert-Marie, *La Mandragore*, Paris, 1958.
Ségur, Pierre, marquis de, *Julie de Lespinasse*, Paris, 1905.
Serauky, Walter, "Affektenlehre", dans : *Die Musik in Geschichte und Gegenwart, allgemeine Enzyklopädie der Musik*, vol. I, Kassel et Bâle, 1949-1951, p. 113-121.
Sigerist, Henry Ernst, *Introduction à la médecine*, traduction française par M. Ténine, Paris, 1932.
Sigerist, Henry Ernst, "The story of tarantism", dans : D. M. Schullian et M. Schoen (éd.), *Music and Medicine*, New York, 1948.
Teirich, Hildebrand Richard (éd.), *Musik in der Medizin*, Stuttgart, 1958.
Temkin, Owsei, *The Falling Sickness*, Baltimore, 1945.
Thorndike, Lynn, *A History of Magic and Experimental Science*, 8 vol., New York, 1923-1958.
Walker, Daniel Pickering, *Spiritual and Demonic Magic from Ficino to Campanella*, Londres, 1958.

이 작업이 인쇄되고 있을 때 다음 연구를 알게 되었다.

Bandmann, Günter, *Melancholie und Musik, ikonographische Studien*, Cologne, 1960.
Binswanger, Ludwig, *Melancholie und Manie*, Pfullingen, 1960.

옮긴이 주

2012년 서언

1 이 간략한 서언의 대상은 《멜랑콜리 치료의 역사》가 아니라, 《멜랑콜리 치료의 역사》를 수록한 모음집 《멜랑콜리의 잉크》다. 이상하게도 원문에서 이 글은 "서문", "서언" 등의 명칭 없이 수록되어 있으며 목차에도 등장하지 않는다.

2012년 서문

2 Lausanne. 스위스의 프랑스어권 도시.
3 Hôpital de Cery. 로잔대학 소속 정신병원으로 스위스 프리Prilly에 있다.
4 프랑수아 드 라로슈푸코François de La Rochefoucauld(1613-1680), 프랑스의 작가, 모럴리스트.
5 "가면의 적ennemis des masques"으로 호명된 근대 작가들은 사회와 문명의 조건이기도 한 내면과 외면의 분리, 존재와 현상의 분리에 예민하고 비판적이었다. "청진, 타진, X선 촬영"으로 신체의 겉과 속을 배운 스타로뱅스키는 이들에 천착하여 여러 비평과 연구를 진행할 것이다.
6 피에르 코르네유Pierre Corneille(1606-1684), 프랑스의 극작가.
7 장 라신Jean Racine(1639-1699), 프랑스의 극작가.
8 두 명 이상의 의사가 한 환자를 진찰하는 일.
9 알렉상드르 코이레Alexandre Koyré(1892-1964), 러시아 출신 프랑스의 과학철학자, 과학사가.
10 모리스 메를로퐁티Maurice Merleau-Ponty(1908-1961), 프랑스의 철학자.
11 쿠르트 골트슈타인Kurt Goldstein(1878-1965), 독일 출신 미국의 정신의학자.
12 'Humanities'는 르네상스 이후 영어권에서 인문학을 시시하는 말이다.
13 조르주 풀레Georges Poulet(1902-1991), 벨기에의 문학비평가.
14 레오 슈피처Leo Spitzer(1887-1960), 오스트리아 출신 문헌학자, 문학이론가.
15 플롱Plon과 갈리마르Gallimard는 프랑스 파리 소재 출판사들이다.
16 지금 읽고 있는 서문은 멜랑콜리 관련 글을 모아 2012년 출판한 《멜랑콜리의 잉크*L'Encre de la mélancolie*》를 위한 것이다.
17 Laboratoires Geigy. 스위스 바젤 소재 화학, 제약 회사인 가이기의 연구소였고, 모기업의

합병 후 현재는 시바가이기Ciba-Geigy 연구소로 운영된다.
18 Thurgau, Thurgovie(fr.). 스위스 북동부에 위치한 주.
19 현재도 국경도시인 독일의 콘스탄츠 바로 아래에서 운영된다.
20 롤란트 쿤Roland Kuhn(1912-2005), 스위스의 정신의학자.
21 1950년대 초 개발되어 현재도 항우울제로 널리 쓰이는 약물.
22 삼환계 항우울제의 하나.
23 이미프라민의 상품명.
24 루트비히 빈스방거Ludwig Binswanger(1881-1966), 스위스의 정신의학자.
25 빈스방거가 하이데거Martin Heidegger(1889-1976) 철학에 기초하여 정신의학에 제안한 원리. 환자를 세계 내 존재로 보고 그의 체험을 이해하고자 한다.
26 앙리 말디네Henri Maldiney(1912-2013), 프랑스의 철학자.
27 1946년 창간한 프랑스의 서평지.
28 1970년 출판된 스타로뱅스키의 문학비평 연구.
29 로르샤흐 검사는 좌우대칭의 잉크 반점을 보여주고 그 반응을 통해 인격을 진단하는 검사다.
30 모리스 올랑데Maurice Olender(1946-2022), 벨기에의 역사가. 《멜랑콜리 치료의 역사》를 재수록하고, 2012년 쇠유Seuil 출판사에서 나온 《멜랑콜리의 잉크》는 올랑데가 책임자로 있는 '21세기 서고La Librairie du XXIe siècle' 총서에 포함되었다.
31 페르난도 비달Fernando Vidal, 아르헨티나 출신 과학철학자, 과학사가.

서문

32 장에티엔 도미니크 에스키롤Jean-Étienne Dominique Esquirol(1772-1840), 프랑스의 정신과 의사.
33 병의 원인이 몸이나 정신 내부에 있는 사태.
34 외부 대상에 대한 반응으로 병이 유발되는 사태.
35 Dyscrasie humorale. 체액론humorisme은 고대 의학의 주요 전제다. 체액론에서는 신체에 기본적인 네 가지 체액humeur, 즉 혈액, 점액, 황담액, 흑담액이 있고, 이런 체액의 이상에 따라 질병이 생긴다고 본다. 멜랑콜리는 흑담액 이상으로 발병한다. '멜랑콜리mélancolie'라는 단어 자체가 '검은 담액'을 지시한다. 한편 황담액은 '정상 담액bile ordinaire'으로서 흑담액과 혼동되지 않을 때는 종종 '담액'으로만 지칭된다는 사실을 기억해 두자.
36 Psychophysique. 신체적 자극과 인지적, 심리적 내용 사이의 관계를 탐구하는 학문.
37 19세기 정신의학이 에드문트 후설Edmund Husserl(1859-1938)이 창설한 현상학과 관련될 수는 없을 것이다. 따라서 일차적으로는 증상의 기술과 분류를 중시한다는 뜻으로 읽어야 한다. 하지만 다른 함축이 가능하다. 현상학은 20세기 초 정신의학에 큰 영향을 끼쳐 환자의 체험을 기술하고 이해하려는 '현상학적 정신의학'의 조류를 형성할 것이다. 그렇다면 이 형용사는 19세기 정신의학이 이미 20세기의 현상학적 정신의학을 예고하고 있음

을 암시한다. 2012년 서문에서도 스타로뱅스키와 현상학적 정신의학의 관계는 사소하지 않다.

38 특정 병에만 적합한 방법이나 약을 사용하는 치료.

39 원인을 직접 치료하는 방법.

고대의 권위자들

40 호메로스Homēros, Homère(fr.), 기원전 8세기에 출생했다고 추정되는 고대 그리스 시인.

41 괴물 키마이라를 죽인 그리스신화의 영웅.

42 핀다로스Pindaros, Pindare(fr.)(기원전 518-438), 그리스의 시인. 오비디우스Ovidius, Ovide(fr.)(기원전 43-기원후 17 혹은 18), 로마의 시인. 플루타르코스Ploutarchos, Plutarque(fr.), 1세기 로마의 철학자, 저술가.

43 르네 쉐레René Schaerer(1901-1995), 스위스의 철학자.

44 Autophagie. 생물학에서 불필요한 구성성분이 세포 내에서 자연적으로 분해되는 현상.

45 고대 세계에서 '마니아mania'는 특정 유형의 정신이상, 즉 격앙되었으나 열기는 없는 착란을 지시했다. 이 말은 점차 광기 일반을 가리키는 용어가 되었다. 현재 정신이상을 지시하는 여러 용어에 이 단어가 접미사로 사용되는 것을 보라. 19세기 이후 이 용어는 우울증dépression과 대비되는 '조증'의 의미로 재규정된다. 이 책에서는 라틴어 'mania'로 표기되는 경우를 제외하고 '조증'으로 통일할 것이나, 이러한 의미론적 진화를 간과해서는 안 된다.

46 고대 그리스에서 이 말은 '약'과 '독'을 모두 뜻할 수 있다.

47 Népenthès. 식물명이기도 하며 어원상 '비애 없음'을 뜻한다.

48 그리스신화에서 가장 아름다운 인간으로 등장하는 인물. 트로이전쟁의 원인이 된다.

49 히포크라테스Hippokratēs, Hippocrate(fr.), 서양의학의 아버지라 불리는 기원전 5-4세기 의사. 한편 스타로뱅스키가 "히포크라테스 저작"이라 지칭하는 '히포크라테스 문집Corpus Hippocraticum'은 히포크라테스의 글 60여 편을 모은 문헌을 뜻한다. 이 문헌 각각의 진위에 대한 논쟁을 '히포크라테스 문제'라 부른다.

50 Isonomie(fr.). 고대 그리스에서 시민들 사이 정치적 권리의 평등을 지시한 말. 저자는 프랑스어로 표기했으나 이 책에서는 그리스어로 병기했다.

51 발터 뮈리Walter Müri(1899-1968), 스위스의 문헌학자. 이즈리얼 에드워드 드랩킨Israel Edward Drabkin(1905-1965), 미국의 과학사가.

52 앙리 에르네스트 지거리스트Henry Ernest Sigerist(1891-1957), 스위스의 의학사가.

53 고대 의학에서 체액의 혼합을 뜻하는 'krasis'에서 온 말이다. 현대 의학에서는 혈액의 '응고성'을 뜻하지만 문맥에 맞게 조어했다.

54 《인간의 본성》이 "유일한 문헌"이라는 것은 히포크라테스 문집에 한정된 판단이다.

55 폴리보스Polybos, Polybe(fr.), 기원전 5세기 의사로서 히포크라테스의 제자이자 사위.

56 그리스의 핀도스 산맥에 이어지는 지역.

57 소포클레스Sophoklēs, Sophocle(fr.), 기원전 5세기 그리스의 비극 작가.

58 가스통 바슐라르Gaston Bachelard(1884-1962), 프랑스의 철학자, 문학이론가. 스타로뱅스키가 "차용한다"라고 했지만, 《과학정신의 형성》에 "실체적 상상력imagination substantielle"이라는 표현은 등장하지 않는다. 물론 이 표현이 과학정신이 극복해야 할 세 장애물 중 두 번째인 '실체론'을 가리킨다는 것은 쉽게 추측할 수 있다. 바슐라르의 표현을 빌리자면 그것은 "실체를 통해 속성들을 획일적으로 설명하는 것"(바슐라르, 《과학정신의 형성》, 21쪽)이다.

59 갈레노스Galēnos, Galien(fr.), 히포크라테스와 함께 고대 의학의 설립자로 간주되는 2세기 의사.

60 톰마소 캄파넬라Tommaso Campanella(1568-1639), 이탈리아의 수도사, 철학자. 한편 《문제집》은 정확히 말하자면 아리스토텔레스의 저작은 아니다. 후대에 소요학파에 의해 편집 혹은 작성된 것으로 여겨진다.

61 오우세이 템킨Owsei Temkin(1902-2002), 러시아 출신 미국의 의학사가.

62 베르너 예거Werner Jaeger(1888-1961), 독일의 고전주의자.

63 고대 그리스에서 시민을 위한 교육이자 문화적 이상을 지시하는 개념.

64 Psychothéraphie. 물리적이거나 약리적이지 않고 정신적이고 심리적인 방법으로 치료하는 것. '정신치료'로 옮길 수도 있으나 나중에 자세히 살펴볼 '정신적 치료traitement moral'와 구별하기 위해 '정신요법'으로 옮긴다.

65 미나리아재빗과 식물로 학명은 'Helleborus'다. 구토와 설사를 일으켜 고대부터 광기 치료제로 쓰였다.

66 Médicament-type. 특정 병의 기전과 치료를 대표하는 약을 뜻하는 것 같다.

67 장 드 라퐁텐Jean de La Fontaine(1621-1695), 프랑스의 시인.

68 Grain. 옛 무게 단위로 약 53밀리그램.

69 필리프 피넬Philippe Pinel(1745-1826), 프랑스의 정신과 의사.

70 피에르 펠르탕Pierre Pelletan(1782-1845), 프랑스의 의사.

71 피에르 루이 알페 카즈나브Pierre Louis Alphée Cazenave(1802-1877), 프랑스의 피부과 의사.

72 Contro-stimulisme. 이탈리아 의사 조반니 라조리Giovanni Rasori(1766-1837)의 이론으로, 모든 병은 과도한 자극이나 흥분에서 생기기 때문에 반대 자극이나 흥분으로 치료해야 한다는 주장.

73 두 라틴어 학명에서 'niger'와 'viridis'는 각각 '검은색'과 '녹색'을 뜻하는 형용사다.

74 대 플리니우스Gaius Plinius, Pline l'Ancien(fr.), 1세기 로마의 박물학자, 정치인. 조카인 또 다른 플리니우스와 구별하여 '대 플리니우스'라 부른다.

75 점술과 의술로 유명한 그리스신화의 인물. 후에 아르고스의 왕이 된다. 그의 이름은 글자 그대로 '검은 발'이라는 뜻이다. 따라서 '멜람포디온melampodion'은 검은 헬레보루스일 것이다.

76 프로이토스는 그리스신화에서 아르고스와 티린스의 왕이며 이피아나사는 그의 딸이다.

77 학명은 'Mandragora officinarum'이다. 가짓과에 속하는 초본식물로 고대부터 특유의 환각 작용으로 유명했다.

78 스타로뱅스키는 이 문장에서 '집중'과 '농축'을 모두 뜻하는 'concentration'의 중의성을 활용한다.

79 프랑스어에서 '좋은 풀bonne herbe'은 '잡초mauvaise herbe'의 반대말이다.

80 포키스는 코린토스만 북부에 있던 고대 그리스의 지방이며 안티키라는 그곳의 도시였다.

81 페다니우스 디오스코리데스Pedanios Dioskoridēs, Pedanius Dioscorides(lat.), 1세기 그리스의 의사, 식물학자.

82 신체 내 빈 곳에 장액 등 체액이 차서 몸이 붓는 증상.

83 결핵성 경부 림프선염을 민간에서 이르던 말.

84 장기 사이 혹은 장기에서 피부로 난 비정상적 통로.

85 설사를 일으켜 이물질을 배출하는 약.

86 고대 의학에서 들뜬 열기와 섬망을 수반하는 흥분 상태를 지시한다. 일찍이 히포크라테스주의자들은 이 병이 뇌와 관련된다고 생각했다. 프랑스어 '광란frénésie'의 어원이 되며, 현대 의학에서는 '수막염', '뇌염'의 개념으로 대체된다. 통용되는 번역어는 없다.

87 루이플로랑탱 칼메유Louis-Florentin Calmeil(1798-1895), 프랑스의 정신과 의사.

88 유도(법)révulsion. 질환이 있는 부위로부터 혈액을 분산시키기 위해 다른 부위, 특히 피부에 고의로 염증이나 자극을 일으키는 방법. 항생제가 보급되기 전까지 널리 활용된다. 넓은 의미로는 체내 물질을 신체의 다른 부위나 외부로 보내는 방법을 포괄한다.

89 상처 속 이물질을 제거하기 위해 넣는 관.

90 말 그대로 부항을 위해 유리 등으로 만든 용기.

91 학명은 'Atropa belladonna'다. 가짓과의 여러해살이 초본식물로 섬망이나 환각을 일으키는 독을 함유한다.

92 아울루스 코르넬리우스 켈수스Aulus Cornelius Celsus, Celse(fr.), 1세기 로마의 저술가, 의사.

93 만드라고라 열매는 모양 때문인지 '사과'로 불렸다.

94 우고 보르고뇨니Ugo Borgognoni(1180-1258), 이탈리아의 외과의사.

95 루이지 벨로니Luigi Belloni(1914-1989), 이탈리아의 의사, 의학사가.

96 셰익스피어의 비극《오셀로*Othello*》의 장면이다.

97 그리스신화의 마녀.

98 존 던John Donne(1572-1631), 영국의 성공회 사제, 시인.

99 돈 캐머런 앨런Don Cameron Allen(1903-1972), 미국의 문학사가.

100 알베르마리 슈미트Albert-Marie Schmidt(1901-1966), 프랑스의 문학비평가.

101 로마 철학자 세네카Seneca가 조명한 정신의 무기력하고 권태로운 상태.

102 비티니아의 아스클레피아데스Asklēpiadēs o Bithunos, Asclépiade de Bithynie(fr.), 기원전 1세기 의사.

103 빌헬름 그리징거Wilhelm Griesinger(1817-18680), 독일의 정신과 의사.

104 피를 내거나 약품을 넣기 위해 피부를 베는 행위.

105 에페소스의 소라노스Sōranos ho Ephesios, Soranos d'Éphèse(fr.), 2세기 초 그리스의 의사.

106 카엘리우스 아우렐리아누스Caelius Aurelianus, Célius Aurélien(fr.), 5세기 로마의 의사.

107 드랩킨의 뛰어난 카엘리우스 아우렐리아누스 판본은 라틴어 문헌에 영어 대역을 붙여

제공한다. 카엘리우스 아우렐리아누스, 《급성질환과 만성질환*De morbis acutis et chronicis*》, 1950. 멜랑콜리를 다루는 부분은 다음과 같다. 《만성질환*De morbis chronicis*》, 1권, 6장, 560-563쪽.

108 École méthodiste. 기원전 2세기에 등장한 방법학파는 병의 원인 파악보다 증상의 관찰과 병의 분류에 따른 포괄적 처방을 주장했다. 이들에게 급성질환과 만성질환은 병을 판단하는 중요한 범주였다. 아래에서 보겠지만 방법학파는 고대 후기에 사라졌다가 르네상스기에 다시 나타난다. 갈레노스 의학에 반대하여 병을 단순한 원리로 설명하고자 한 르네상스 이후 방법학파를 '신방법학파'로 구별하여 부르기도 한다.

109 Fibres. 근원섬유, 신경섬유 등 현대 의학의 정교한 개념화 이전에도 의학은 다양한 방식으로 인체의 여러 섬유 형태 조직의 구조와 기능을 연구했다. 따라서 '섬유'를 현대 의학의 개념으로만 이해할 필요는 없다.

110 Thérapeutique active. 환자의 에너지를 여러 활동에 투입하여 건설적인 쪽으로 이끄는 치료법. '활동요법'으로 간단하게 지시한다.

111 카파도키아의 아레테오스Aretaios Kappadox, Arétée de Cappadoce(fr.), 1세기 혹은 2세기 로마의 의사.

112 '백반'이라고도 한다. 식품 보존제, 가벼운 지혈제, 침전제 등 여러 용도로 쓰인다.

113 Diagnostic différentiel. 주어진 자료를 분석해 질병을 결정하고 유사한 증상을 보이는 질병과 구분하는 행위.

114 Psychosomatisme. 정신적 요인이 신체적 증상을 일으키거나 변화시킨다고 보는 관점.

115 Tempérament. 전근대 의학에서 '기질'은 신체의 선천적 구성 방식 혹은 체액의 상태를 지시하는 중요한 개념이다. 인간에게는 네 가지 기본 체액이 있기에, 기질 또한 지배적 체액이 무엇이냐에 따라 결정된다. 따라서 일반적으로 혈액질, 점액질, 담액질, 흑담액질 기질이 있다. 하지만 체액론과 마찬가지로 기질론 또한 의학의 오랜 역사 속에서 매우 다양하게 전개된다.

116 Tonus. 혈관과 근육 등의 압력이 고르거나 고르지 않은 상태를 뜻한다. 고대 체액론이나 아래에서 보게 될 근대 신경학에서나 신체의 물리적 상태를 설명하는 중요한 도구로 사용된다.

117 어떤 병의 증상이 장기나 조직의 이상에 있는 상황.

118 Vapeur. 고대 의학에서 혈액 등의 체액에서 나오는 발산물을 지시하는 용어.

119 에페소스의 루포스Rouphos ho Ephesios, Rufus d'Éphèse(fr.), 1세기 후반, 2세기 초의 그리스 의사.

120 기원전 3세기 안티오코스는 아버지 셀레우코스에 이어 셀레우코스 제국의 두 번째 왕이 된다. 스트라토니케는 셀레우코스의 두 번째 부인이자 안티오코스의 계모다.

121 에라시스트라토스Erasistratos, Érasistrate(fr.), 기원전 3세기의 의사, 해부학자.

122 사포Sapphō, Sappho(fr.), 기원전 7세기경 그리스의 여성 시인.

123 지역이나 분야에 따라 다르지만 대략 16세기 중반에서 18세기 중반이다.

124 로버트 버턴Robert Burton(1577-1640), 영국의 저술가.

125 로버트 버턴, 《멜랑콜리의 해부*The Anatomy of Melancholy*》, 1621;1893.

126 자크 페랑Jacques Ferrand, 16-17세기 프랑스의 의사.

127 Surexpression. 혹은 '과발현'으로 옮긴다. 유전학에서 유전자의 비정상적 발현으로 단백질이 과다하게 생성되는 현상을 지시한다.

128 프랑스어 'démontrer'는 '드러내다'와 '입증하다'를 모두 뜻한다. 번역으로는 이런 중의성을 살릴 수 없었다.

129 장기나 조직에 혈액이 몰리는 현상.

130 Hypocondrie. 보통 건강을 과도하게 염려하는 병적 상태를 뜻하는 '심기증心氣症'으로 옮긴다. 우울증 또한 그 주요 증상 중 하나로 여겨진다. 단어 자체가 보여주듯 애초에 '늑하부hypocondre' 증상과 관련된 것으로 이해되었다. 이 말의 의미론적 진화를 가리지 않기 위해 '히포콘드리아'로 쓴다.

131 위나 장에 기체가 많이 찬 상태.

132 프랑수아 부아시에 드 소바주 드 라크루아François Boissier de Sauvages de Lacroix(1706-1767), 프랑스의 의사, 식물학자.

133 윌리엄 컬런William Cullen(1710-1790), 영국의 의사, 화학자.

134 눈을 감은 상태에서 나타나는 시각적 현상.

135 그리스신화의 티탄. 제우스는 티탄들과의 싸움에서 승리한 후 세계를 영원히 어깨에 지는 형벌을 아틀라스에게 부과한다.

136 현재는 피부 등에 멜라닌, 즉 검은 색소를 생성하는 작용을 지시한다. 하지만 문자 그대로 보자면 검은 것을 유발한다는 뜻이다.

137 Aduste. 체액론에서 체액 손상이 일으킨 흡사 연소와 같은 효과 혹은 흔적을 지시하는 용어. 통용되는 역어는 없다.

138 트랄레스의 알렉산드로스Alexandros ho Trallianos, Alexander Trallianus(lat.), Alexandre de Tralles(fr.), 6세기 그리스의 의사.

139 오리바시오스Oreibasios, Oribase(fr.), 4세기 그리스의 의사.

140 아이기나의 파울로스Paulos Aiginētēs, Paulus Ægineta(lat.), Paul d'Égine(fr.), 7세기 그리스의 의사.

141 아미다의 아에티오스Aetios Amidēnos, Aetius Amidenus(lat.), Aétios d'Amida(fr.), 6세기 그리스의 의사.

142 아스클레피오스, 그리스신화에서 의학과 의술의 신. 엠마 예네테 레비에델슈타인Emma Jeannette Levy-Edelstein(1904-1958), 독일 출신 미국의 고전학자. 루트비히 에델슈타인 Ludwig Edelstein(1902-1965), 독일 출신 미국의 고전학자, 의학사가.

143 압데라는 그리스 북부의 도시로 여러 고대 철학자를 배출한 곳으로 유명하다.

144 데모크리토스Dēmokritos, Démocrite(fr.), 기원전 5-4세기의 철학자.

145 에릭 로버트슨 도즈Eric Robertson Dodds(1893-1979), 아일랜드의 역사가.

146 세네카Seneca, Sénèque(fr.), 1세기 로마의 철학자, 정치인.

147 근대 언어에서 '고객'을 뜻하는 라틴어 'cliens'는 고대 로마의 사회제도인 피호제에서 보호자의 후견을 받는 피호자를 지칭했다.

148 Psychothérapie de soutien. 환자를 자극하기보다 방어기제를 보호해 주면서 치료하는 방법.

149 퀸투스 세레누스Quintus Serenus, 세네카의 제자 중 한 사람.

150 이 라틴어 단어는 신체적 증상과 심리적 환멸을 모두 뜻할 수 있다.

151 샤를 보들레르Charles Baudelaire(1821-1867), 프랑스의 시인, 비평가.

152 알렉상드르자크프랑수아 브리에르 드 부아몽Alexandre-Jacques-François Brierre de Boismont(1797-1881), 프랑스의 정신과 의사.

153 Loi naturelle. 근대과학이 모든 자연의 법칙을 독점하기 전에 '자연법'은 철학과 정치학의 개념적 대상이자 도구였다. 특히 고대 학파인 스토아철학이 그랬다.

154 요한 볼프강 폰 괴테Johann Wolfgang von Goethe(1749-1832), 독일의 작가.

전통의 무게

155 1세기에서 8세기에 걸쳐 글과 행동을 통해 기독교 교리와 실천에 큰 영향을 준 종교 지도자를 일컫는 말.

156 히에로니무스Eusebius Sophronius Hieronymus Stridonensis, Saint Jérôme(fr.), 4-5세기 로마의 신학자.

157 초기 기독교부터 비애는 죄악으로 간주되었다. 특히 수도사들에게 삶의 환멸을 불어넣어 나태를 유발한다고 여겨졌다.

158 '나태' 혹은 '아케디아acedia'는 고대 세계에서 내면을 돌보지 않는 과오를, 기독교 세계에서는 정신적이고 종교적인 의무를 소홀히 하는 죄악을 뜻한다. 기독교 칠죄종에 속한다.

159 입을 닫고 말을 하지 않는 정신장애.

160 쇠렌 키르케고르Søren Kierkegaard(1813-1855), 덴마크의 신학자, 철학자.

161 Hermétisme. 고대의 신화적 인물 헤르메스의 것으로 일컫는 비교 이론, 혹은 중세 이후 이에 대한 연금술과 신비주의적 해석.

162 단테 알리기에리Dante Alighieri(1265-1321), 이탈리아의 시인.

163 창자에 찬 가스가 내는 소리.

164 '진흙에 묻힌 자들'로 번역한 프랑스어 'vaseux'는 어원상 '진흙이 많은'을 뜻하고, 나아가 '비열한', '박약한', '모호한' 등을 의미한다.

165 단테Dante, 《지옥*Inferno*》, 7곡, 121-126행.

166 요하네스 카시아누스Ioannes Cassianus, Jean Cassien(fr.), 4-5세기 기독교 수도사.

167 말라리아 등에 의해 일정하게 나타나는 발열과 오한.

168 체온의 비정상적 상승.

169 Démon de midi. 〈시편〉 91편 6절에 등장하는 "백주에 황폐케 하는 파멸"(개역한글판)을 가리킨다. 중년에 찾아오는 도덕적 위기로 해석되고는 한다.

170 성 안토니우스Antonius, Antoine le Grand(fr.), 3-4세기의 기독교 성인, 수도사. 돼지와 관련한 전설이 많다.

171 기능 이상을 방지하는 보상기제의 실패로 인해 유기체의 생리적 균형이 손상된 상황.

172 Enfants de Saturne. 전통적으로 멜랑콜리는 차갑고 건조한 속성의 행성인 토성의 기운과

연관된다. 또한 토성의 이름 'Saturne'을 제공한 신 사투르누스가 참조되기도 한다.

173 에르빈 파노프스키Erwin Panofsky(1892-1968), 독일 출신 미술사가. 프리츠 작슬Fritz Saxl (1890-1948), 오스트리아 출신 미술사가.

174 프란체스코 페트라르카Francesco Petrarca, Pétrarque(fr.)(1304-1374), 이탈리아의 시인, 인문주의자.

175 Athleta Christi(lat.). 초기 기독교에서 군인 성자, 혹은 군사적 힘을 가지고 기독교를 위해 싸우는 교인. 저자는 프랑스어 'athlète du Christ'를 사용했다.

176 Physique. 이 단어는 문맥에 따라 자연(학), 물리(학), 물질, 신체 등을 고루 지시할 수 있다. 역어를 억지로 통일하지 않았다.

177 멜랑콜리와 종교적 죄악의 연관을 강조하는 경구.

178 Candide. 프랑스의 철학자, 작가인 볼테르Voltaire(1694-1778)가 쓴 소설 제목이자 주인공.

179 현재 일상적 의미로는 분노의 감정을 뜻하는 영어 단어. 하지만 어원상 비장脾臟을 지시하고, 비장이 흑담액의 소재지로 간주되었기에 멜랑콜리와 연관되었다. 보들레르를 통해 프랑스어로 수입된 후로는 권태와 멜랑콜리의 한 형태로 유명세를 얻는다.

180 조너선 스위프트Jonathan Swift(1667-1745), 아일랜드의 소설가, 성직자.

181 후이넘Houyhnhnm은《걸리버 여행기》에 등장하는 의인화된 말 종족이고, 야후Yahoo는 후이넘과 대비되는 퇴화한 인간 종족이다.

182 요한 크리스티안 아우구스트 하인로트Johann Christian August Heinroth(1773-1843), 독일의 정신과 의사.

183 힐데가르트 폰 빙엔Hildegard von Bingen, Hildegarde de Bingen(fr.)(1098-1179), 베네딕트회 수녀.

184 살바토레 데 렌치Salvatore De Renzi(1800-1872), 이탈리아의 의사, 저술가.

185 두개골에 구멍을 내는 의학적 처치.

186 중세에 해와 달의 상, 위치 등을 계산하기 위한 도구. 여러 장의 원판을 겹쳐서 만든다.

187 해리 보버Harry Bober(1915-1988), 미국의 미술사가.

188 널리 활용되는 논거나 주제를 지칭하는 말.

189 에른스트 로베르트 쿠르티우스Ernst Robert Curtius(1886-1956), 독일의 문헌학자.

190 아프리카인 콘스탄티누스Constantinus Africanus, Constantin l'Africain(fr.), 11세기의 북아프리카 출신 의사.

191 대략 2세기부터 8세기까지 고전 고대에서 중세로 넘어가는 과도기.

192 이탈리아 지방에 있는 산으로 6세기에 몬테카시노 수도원이 들어섰다.

193 라틴어로 '약'을 뜻한다.

194 비자연적non naturel. 전근대 의학에서 이 용어는 신체의 본성이나 본질에 속하는 것은 아니지만 기능과 작동에 큰 영향을 끼치는 것을 수식할 때 사용된다.

195 배설물이 배출되지 않고 축적되는 상태.

196 앞에서 히포콘드리아가 늑하부hypocondre와 관련된 병임을 보았다.

197 Myrobalans citrins. '미로발란'은 다양한 식물을 지시할 수 있다. '담황 미로발란'은 '담황 테르미날리아Terminalia citrina'의 과일을 지칭한다.

198 Drachme. 고대부터 사용된 무게 혹은 화폐 단위. 고대 그리스에서는 약 3.5그램이다.

199 Livre. 고대부터 사용된 무게 혹은 화폐 단위. 현재 '리브르'로 불린다. 로마 리브라는 약 329그램이었다가 샤를마뉴 리브라는 약 435그램이 된다. 로마 리브라는 12운키아, 샤를마뉴 리브라는 16운키아다.

200 Once. 고대부터 사용된 무게 혹은 화폐 단위. 현재 '온스'로 불린다. 고대 로마에서는 약 27그램이었다.

201 Scrupule. 고대 로마의 단위로 1/24운키아, 약 1.3그램이다.

202 서양식 식사에서 식전에 마시는 술을 일컫는 말.

203 마르실리오 피치노Marsilio Ficino, Marsilius Ficinus(lat.)(1433-1499), 이탈리아의 의사, 철학자.

204 1459년 메디치가에 의해 설립된 아카데미를 중심으로 플라톤을 비롯한 고대 문헌을 번역하고 연구한 철학 사조. 르네상스 사상과 예술에 큰 영향을 끼쳤다. 피치노가 핵심 인물이다.

205 레몽 마르셀Raymond Marcel(1901-1972), 프랑스의 가톨릭 사제, 철학사가. 앙드레 샤스텔André Chastel(1912-1990), 프랑스의 미술사가. 다니엘 피커링 워커Daniel Pickering Walker(1914-1985), 영국의 역사가. 파울 오스카르 크리슈텔러Paul Oskar Kristeller(1905-1999), 독일 출신 미국의 문헌학자. 린 손다이크Lynn Thorndike(1882-1965), 미국의 역사가.

206 파라켈수스Theophrastus Paracelsus, Paracelse(fr.)(1493-1541), 독일어권 스위스의 의사, 철학자.

207 물, 불, 흙, 공기 다음으로 4원소에 추가되는 다섯 번째 원소. 보통 우주를 채우고 있는 미세한 물질인 에테르를 지시한다. 아리스토텔레스가 천체의 운동을 설명하기 위해 활용한 후로 중세에서 연금술과 결합한다.

208 파라켈수스 연구자 박요한의 도움이 없었다면 번역어들을 제시하지 못했을 것이다. 하지만 감히 나는 그의 의견을 전부 따르지 않았다. 따라서 번역은 잠정적이다.

209 Spagiria. 파라켈수스가 자신의 연금술과 의학적 원리를 지시하기 위해 도입한 신조어. 물질의 분리와 합성을 뜻하는 그리스어를 조합한 것으로 추측된다. 저자는 프랑스어 형용사형 'spagirique'를 사용했다.

210 Psychopharmacologie. 정신 기능에 대한 약의 작용을 연구하는 학문 분야.

211 앙드레 뒤 로랑André du Laurens, Andreas Laurentius(lat.)(1558-1609), 프랑스의 의사.

212 앙리 4세Henri IV(1553-1610), 프랑스와 나바르 왕국의 왕.

213 루칠리오 바니니Lucilio Vanini(1585-1619), 이탈리아의 철학자, 자연학자.

214 부활절 이전 일주일.

215 아미앵의 자크 뒤부아Jacques Dubois d'Amiens. Jacobus Sylvius(lat.)(1478-1555), 프랑스의 의사, 해부학자.

216 Chymistes. 르네상스 시대 당시 '화학'은 물질의 조성을 연구하는 학문으로서, 연금술과 명확히 구별될 수 없었다. 스타로뱅스키는 'chimistes'가 아니라 옛 표기법인 'chymistes'를 그대로 가져다 썼다.

217 아편 추출물과 에탄올의 혼합액. '아편팅크제'로 옮기기도 한다.

218 Poudre capitale. '생탕주의 가루약poudre de Saint-Ange'으로도 불린다. 헬레보루스를 넣은 마약성 진통제로 알려져 있다.

219 Pommes de senteurs. 사과 모양의 작은 용기에 여러 향료를 넣은 기구. 대략 12세기와 18세기 사이에 사용됐다.

220 향유고래에서 얻는 향료.

221 사향노루의 생식샘 근처 분비샘에서 얻는 약.

222 단 향과 알코올 성분을 넣어 만든 약.

223 꿀, 시럽, 가루약 등을 고아 만든 부드러운 약.

224 프란체스코 제로자Francesco Gerosa(1542-1608), 이탈리아의 의사.

225 고대 그리스의 밀집 장창 보병대.

226 일부 동물의 몸 안에 생긴 결석.

227 장 페르넬Jean Fernel(1506-1558), 16세기 프랑스의 의사, 천문학자, 수학자.

228 티머시 브라이트Timothy Bright, 16-17세기 영국의 의사.

229 펠릭스 플라터Felix Platter(1536-1614), 스위스의 의사.

230 헤르만 부르하버Herman Boerhaave(1668-1738), 네덜란드의 의사, 화학자.

231 조제프 롤랭Joseph Raulin(1708-1784), 프랑스의 의사.

232 피에르 폼므Pierre Pomme(1735-1812), 프랑스의 의사. 당시 '체기 질환affections vaporeuses'은 체기에 의해 발병하는 신경성 질환, 즉 멜랑콜리나 히포콘드리아를 지시했다. 특히 여성의 경우 히스테리를 포함한다.

233 현대 의학에서 이 용어는 장액선에서 나오는 투명한 황색 액체를 가리키지만, 19세기 이전에는 혈액에 섞여 있는 여러 체액을 두루 지시했다.

234 Sel. 당시 몇몇 식물의 잿물을 증발시켜 얻은 입자에 '염'이라는 이름을 주었다.

235 인동과 마타릿과 풀. 뿌리를 진정제로 쓴다.

236 전근대 의학에서 여러 종류의 비누가 내복약으로 사용되었다.

237 산형과 풀인 아위에서 얻는 진정제 성분이 있는 즙.

238 미나릿과 식물의 하나.

239 미나릿과 식물에서 얻는 수지의 일종.

240 큰회향풀에서 얻는 것으로 추측되는, 고무와 수지의 중간 형태의 즙.

241 혈전 등 물질이 혈관을 막는 현상.

242 내출혈로 피부에 얼룩이 생기는 현상.

243 스타로뱅스키는 강조된 단어의 중의성을 활용한다. '해방libération'은 생리적으로는 '방출', '분비'를 뜻하고, '되살린다restaurer'는 일상적으로는 '음식을 먹여 체력을 회복한다'를 의미한다. '통일성homogénéité'은 구체적으로는 '균질성'을 뜻하며, '온순하게 만든다assouplir'는 본래 '부드럽게 만든다'를 의미한다.

244 Somatiser. 정서적이고 정신적인 문제가 기능적이고 신체적인 장애로 변환되는 것.

245 Catharsis. 이 용어는 아리스토텔레스가 비극의 효과를 설명하며 도입한 후로 수많은 해석의 대상이 되었다. 기본적으로는 재현을 통해 나쁜 정념을 해소하는 정화 과정을 지시한다. 하제의 작용과 연관된다.

246 《백과전서*Encyclopédie*》는 1751년부터 1772년까지 출간된 프랑스 계몽주의의 최대 작업이다. 〈멜랑콜리Mélancolie〉 항목의 저자는 조쿠르Louis de Jaucourt(1704-1780)와 생랑베르

Jean-François de Saint-Lambert(1716-1803)다.

247 Nitre. 질산칼륨의 옛 이름.

248 Sel de Glauber. 황산나트륨을 이렇게 최초 발견자의 이름으로 부르기도 한다.

249 Sel de Seignette. 주석산칼륨나트륨의 옛 프랑스어 이름. 역시 최초 발견자의 이름을 따랐다.

250 Tartre vitriolé. 황산칼륨의 옛 프랑스어 이름.

251 Calomel. 염화수은의 옛 이름. 한때 약으로 쓰였다가 큰 피해를 불렀다.

252 토머스 시드넘Thomas Sydenham(1624-1689), 영국의 의사.

253 Hystérie. 히포콘드리아가 늑하부 증상과 관련된다면 히스테리의 소재지는 자궁이다. 이 말은 18세기부터 여성의 신경성 발작을 지시했다.

254 Esprit. 종교와 정신의 영역에서 익숙한 이 말은 전근대 의학과 자연학에서는 거의 비물질적이라 할 정도로 매우 섬세하고 정묘한 물질을 지시하기 위해 널리 쓰인다. 그리하여 '동물정기esprits animaux'는 특히 베이컨Francis Bacon(1561-1626)과 데카르트에 이르러 뇌와 신체 각 부분 사이를 오가며 동물의 감각과 운동을 가능케 하는 원리이자 물질적 토대로 규정된다. 이 개념의 원형은 이미 히포크라테스와 갈레노스에게서 발견된다고 한다.

255 기나나무 속껍질. 약재 키니네의 원료다.

256 비토리오 알피에리Vittorio Alfieri(1749-1803), 이탈리아의 철학자, 시인.

257 Chimiatrie. 용어의 사정이 복잡하다. 이 말은 파라켈수스 이후 화학에서 의학적 기능을 담당하는 하위 분야를 뜻할 때는 '의화학iatrochimie'과 동의어다. 그런데 17세기부터 이 단어는 모든 현상을 화학으로 환원하는 화학 만능주의 태도를 풍자할 때도 사용된다. 역어가 없어 조어했다.

258 프리드리히 호프만의 저서《체계적이고 합리적인 의학*Medicina Rationalis Systematica*》을 암시하는 것 같다.

259 프리드리히 호프만Friedrich Hoffmann, Frédéric Hoffmann(fr.)(1660-1742), 독일의 의사, 화학자.

260 고대 방법학파가 질병을 분류하기 위해 '이완 상태status laxus', '혼합 상태status mixtus'와 함께 도입한 범주.

261 뇌막의 바깥층.

262 경련으로 인한 수축.

263 주로 머릿속 확장된 혈관이나 빈 공간.

264 안샤를 로리Anne-Charles Lorry(1726-1783), 프랑스의 의사.

265 '물질 없이'라고 직역한 'sans matière'는 일상적으로는 '이유 없이'를 뜻한다.

266 Solide. 예전 의학에서 뼈, 힘줄, 혈관, 막 등 액체 형태가 아닌 부분을 포괄적으로 지시하는 말이었다.

267 안토니오 프라카시니Antonio Fracassini(1709-1777), 이탈리아의 의사. 알브레히트 폰 할러Albrecht von Haller(1708-1777), 스위스의 의사, 자연학자, 문학가. 할러는 '감수성sensibilité'과 '피자극성irritabilité'을 구분하고, 전자를 신경에, 후자를 근육조직에 할당했다. 할러의 명명법에 주의해야 한다. 프랑스 철학자 캉길렘Georges Canguilhem(1904-1995)에 의하면, 할러가 말하는 '감수성'은 요즘 생리학 용어로 신경자극의 '전도성conductibilité'에 가까우

며, '피자극성'은 근육의 '수축성contractilité'에 가깝다고 한다. (Cf. 조르주 캉길렘, 《생명체와 생명 과학의 역사와 철학에 대한 연구*Études d'histoire et de philosophie des sciences concernant les vivants et la vie*》, 1994, 224쪽.) 한편 이 책에서 할러의 '감수성'과 '피자극성'이 명확히 구분되는 것인지 확실치 않다. 아래에서 더 보게 되겠지만 스타로뱅스키는 연축의 문제와 신경의 문제를 '피자극성' 아래에 포괄하는 것처럼 보인다.

268 Alcali volatil. 암모니아의 옛 프랑스어 이름.

269 경련을 진정시키는 효과.

270 Homotonie. 긴장이 고르고 일정한 상태. 역어가 없어 조어했다.

271 Euphorie. 의학적으로는 질환이나 중독에 의해 비정상적으로 큰 행복을 느끼는 상태를 뜻하지만, 일상적으로는 단순히 행복하고 만족스러운 기분을 지시한다.

근대

272 Sensualisme. 영국 경험론의 영향을 받아 인간의 인식 능력과 지식의 기초를 감각에 두는 철학적 흐름. 프랑스 철학자 에티엔 보노 드 콩디야크Étienne Bonnot de Condillac(1714-1780)가 대표적이다.

273 뇌척수액으로 채워진 뇌의 빈 공간.

274 Sympathiquement. 18세기 생리학에서 '교감sympathie'은 몸의 여러 부분이 신경을 통해 같은 상태를 공유하는 현상으로 정의된다.

275 반응이 매우 더딘 상태.

276 Idée exclusive. 다른 관념을 허용하지 않고 정신을 독점하는 관념. 역어를 찾지 못해 조어했다.

277 Monomanie. 어떤 하나의 생각이나 사물에 집착하여 나타나는 정신장애. 에스키롤이 도입한 개념이며 19세기 전반에 널리 사용된다.

278 Lypémanie. 에스키롤이 '멜랑콜리'를 대체하기 위해 '비애'와 '광기'를 뜻하는 그리스어를 합성해 만든 신어. 현재는 사용하지 않는다. 종종 '울병'으로 번역되긴 하나 이 말은 지금도 사용되므로 이 책에서는 어원에 따라 직역했다.

279 간과 여러 장기를 연결하는 정맥 조직.

280 피에르 장 조르주 카바니스Pierre Jean Georges Cabanis(1757-1808), 프랑스의 의사, 철학자, 정치인.

281 Prédisposition. 특정 병에 취약한 요인을 가진 신체적 조건. '질병소질'이라고도 한다.

282 Comportement. 심리학에서 환경에 대한 개인의 반응 일체를 지시하는 용어로 새겨야 할 것이다.

283 École française. 18세기 말부터 전개된 근대 정신의학의 프랑스적 전통을 일컫는다. 피넬, 에스키롤에 의해 선도되었다. 반면 그리징거, 크레펠린은 독일학파의 주요 학자들이다.

284 창자의 가로로 놓인 부분.

285 위 등의 장기나 조직이 아래로 처지는 현상.

286 Déplacement. 위치가 변하는 것.

287 조반니 바티스타 모르가니Giovanni Battista Morgagni(1682-1771), 이탈리아의 해부학자.

288 Déséquilibre nerveux. 현재 프랑스어에서는 스트레스, 정서장애 등을 두루 포괄한다.

289 약한 변비를 일으키는 약.

290 젖의 맑은 부분. '우유 윗물'이라고도 한다.

291 근대 정신의학사의 전환점인 피넬의 책은 최근 한국어로 번역되었다.《정신이상 혹은 조광증의 의학철학 논고》, 이충훈 옮김, 아카넷, 2022.

292 Traitement moral. 종종 '도덕적 치료'로 옮긴다. 하지만 'moral'은 '신체적', '물리적', '물질적'을 뜻하는 'physique'와 대립하면서 더 일반적인 범주를 수식한다. 곧 나올 '정신적 의학médecine morale'에서도 마찬가지다.

293 Remèdes simples. 전근대 의학에서 '단순한simple'이라는 형용사는 약초나 생약에 의지하는 의학을 수식할 때 사용되었다.

294 Économie animal. 17세기부터 19세까지 주로 프랑스에서 활용된 개념. 저자에 따라 내용이 상이하나 일반적으로 동물의 생명과 운동을 가능케 하는 법칙과 구조의 총체를 일컫는다.

295 Idéologues. 나폴레옹 시기 전후 활동한 프랑스의 급진적 사상가들. 대체로 과학성과 합리성을 중시하고 정치적으로 나폴레옹과 대립했다.

296 스탕달Stendhal(1783-1842), 프랑스의 작가.

297 빈센초 치아루지Vincenzo Chiarugi(1759-1820), 이탈리아의 의사. 장바티스트 퓌생Jean-Baptiste Pussin(1745-1811), 프랑스의 정신병원 감독관이며 피넬을 보좌했다. 요한 크리스티안 라일Johann Christian Reil(1759-1813), 독일의 의사, 해부학자.

298 Idée dominante. 주관적이고 비합리적이며 과대평가된 관념.

299 Délire exclusif. 특정 대상에 경도된 망상을 가리키는 옛 표현이며, 우울감과 절망을 자극하는 경우가 많아 멜랑콜리와 연관되고는 했다.

300 Monoïdéisme. 정신의 모든 활동이 하나의 관념에 지배된 상태. 경미한 '단일광'으로 규정되고는 한다. 통용되는 역어는 없는 것 같다.

301 자쿠투스 루시타누스Zacutus Lusitanus(1575-1642), 포르투갈의 의사.

302 페트루스 포레스투스Petrus Forestus(1521-1597), 네덜란드의 의사.

303 다니엘 세네르트Daniel Sennert(1572-1637), 독일의 의사.

304 니콜라스 튈프Nicolaes Tulp(1593-1674), 네덜란드의 의사.

305 즉흥 연극을 활용하는 현대의 심리치료법.

306 존 포드John Ford, 17세기 초반 활동한 영국의 극작가.

307 Asile de Charenton. 프랑스 생모리스에 있던 옛 정신병원.

308 알퐁스 프랑수아 드 사드Alphonse François de Sade(1740-1814), 프랑스의 작가. 후에 '사디즘'에 이름을 제공한다.

309 프랑수아 시모네 드 쿨미에François Simonnet de Coulmiers(1741-1818), 프랑스의 종교인, 정치인.

310 앙투안아타나스 루아이에콜라르Antoine-Athanase Royer-Collard(1768-1825), 프랑스의 정신과 의사.

311 질베르 를리Gilbert Lely(1904-1985), 프랑스의 시인.

312 프랑수아 뢰레François Leuret(1797-1851), 프랑스의 정신의학자.

313 '말하다'라는 뜻의 동사 'dire'는 '마음에 들다'를 의미할 수도 있다. 스타로뱅스키는 연극 장치가 환자에게 '기분전환'을 일으키지 못하는 상황을 묘사하기 위해 이 동사를 강조한 것 같다.

314 루이지 피란델로Luigi Pirandello(1867-1936), 이탈리아의 작가.

315 1922년 초연된 이 희곡에는 자신을 신성로마제국의 황제로 믿는 광인이 등장한다. 지난 20년 동안 주변 사람들은 왕궁의 인사를 연기하면서 그의 광기에 호응해 주었다. 하지만 그가 몇 년 전부터 자신의 회복을 숨기고 연극에 참여하고 있었음이 결국 밝혀진다.

316 관을 코부터 위로 넣어 음식물을 공급하는 방법.

317 Inhibition. 정신적 인지, 표현, 활동 등을 교란하는 심리적 기능의 정지 상태.

318 Excitabilité. 외부 자극에 반응하는 성질이나 정도를 뜻하는 듯하고, 따라서 현대 생리학의 '피자극성irritabilité'과 동의어로 보인다.

319 Sens commun. 인간이 보편적으로 보유한 지적 능력이나 상식을 뜻하지만, 때에 따라 여러 감각을 종합하여 하나의 표상으로 만드는 능력을 지시하기도 한다. 본문에서는 후자로 이해해야 할 것이다.

320 뇌를 지시하는 것 같다.

321 증상이 일시적으로 나타나는 현상.

322 Magnétisme animal. 독일의 의사 프란츠안톤 메스머Franz-Anton Mesmer(1734-1815)의 이론으로, 우주에 존재하는 보편적인 자기를 활용하여 인간과 동물을 치료할 수 있다고 주장한다. 18세기 말에서 19세기 말까지 많은 논쟁을 낳았다.

323 Clavier de chats. 인용문이 묘사하듯 고양이에게 고통을 줘 소리를 내는 건반악기. 16세기 문헌에 처음 나타났으나 실제로 만들어졌는지 의문이다.

324 창세기에서 롯의 아내는 소돔을 탈출하던 중 천사의 지시를 무시한 채 뒤를 돌아보고 소금 기둥이 된다.

325 Barrel organ. 손잡이를 돌려 연주하는 작은 오르간. 시장이나 거리에서 연주되었다.

326 얀 밥티스타 판 헬몬트Jan Baptista van Helmont(1579-1644), 벨기에의 화학자, 의사.

327 Réceptivité. 외부 자극의 영향을 받아들이는 능력.

328 피넬을 말한다. 1810년 에스키롤은 피넬의 뒤를 이어 살페트리에르Salpêtrière 병원의 수석 의사가 된다.

329 피부에 물집을 일으키는 약.

330 카를 비간드 막시밀리안 야코비Carl Wigand Maximilian Jacobi(1775-1858), 독일의 정신의학자.

331 결핵균 등에 의해 뼈가 부서지는 증상.

332 Douche. 의학적 목적에서 물을 끼얹는 행위를 지칭한다. 일상적으로는 '샤워'를 지시하는 이 단어의 어원은 물이 흐르는 '관', '파이프'다.

333 Ligne. 옛 길이 단위. 1/12인치.

334 Hospice. 노인, 병자, 부랑자, 범죄자, 여행자 등을 수용하던 시설. 자선 시설이면서, 사회

적 약자를 감금하고 통제하는 억압 기구이기도 했다. 비세트르 시료원hospice de Bicêtre은 파리 인근에 있던 시료원으로 감옥과 정신병원으로도 이용되었고, 현재는 대학병원이다.

335 기욤 페뤼스Guillaume Ferrus(1784-1861), 프랑스의 의사.

336 '토주석tartre stibié'이라고도 한다. 강력한 구토제로 쓰였다.

337 Cure de dégoût. 일반적으로는 알코올의존자에게 알코올과 구토제 성분을 함께 투여하여 알코올에 대한 조건화를 만드는 요법을 말한다.

338 아르망 트루소Armand Trousseau(1801-1867), 프랑스의 의사, 정치인.

339 미셸 드 몽테뉴Michel de Montaigne(1533-1592). 프랑스의 작가.

340 Essences hystériques. 말 그대로 히스테리 증상을 완화하는 향유. 19세기에 여러 제조법이 유통되었다.

341 피에르 루이 모로 드 모페르튀이Pierre Louis Moreau de Maupertuis(1698-1759), 프랑스의 과학자, 철학자.

342 뇌에 혈액이 과도하게 몰리는 증상.

343 크리스티안 고틀리프 크라첸슈타인Christian Gottlieb Kratzenstein(1723-1795), 덴마크의 의사, 공학자.

344 이래즈머스 다윈Erasmus Darwin(1731-1802), 영국의 의사, 시인. 찰스 다윈의 조부.

345 조셉 메이슨 콕스Joseph Mason Cox(1763-1818), 영국의 의사.

346 물체를 회전시키면서 깎거나 다듬는 공작기계.

347 비강점막으로부터의 출혈을 뜻하며, 코피를 의학적으로 이르는 말.

348 조제프 바뱅스키Joseph Babinski(1857-1932), 프랑스의 의사.

349 Vertige voltaïque. 관자놀이에 전류를 흐르게 하여 어지럼, 구역질, 머리 움직임을 일으키는 것. 바뱅스키는 신경학 분야에 전기요법을 적극 도입했다.

350 엘리자베스 1세Elizabeth I의 재위(1558-1603)를 전후로 한 시기. 영국 르네상스의 절정기로 간주된다.

351 로렌스 밥Lawrence Babb(1902-1979), 미국의 영문학자.

352 셰익스피어 희곡의 인물. 우울한 염세주의자로 등장한다.

353 조아생 뒤 벨레Joachim du Bellay(1522-1560), 프랑스의 시인.

354 뒤 벨레는 로마를 주제로 여러 소네트를 썼다. 특히 《회한》은 로마에서 겪은 향수병을 묘사한다.

355 프리츠 에른스트Fritz Ernst(1889-1958), 스위스의 문학비평가. 요하네스 호퍼Johannes Hofer (1669-1752), 알자스 지방 출신 의사. 포르투나타 라밍퇸Fortunata Ramming-Thön(1929-2009), 스위스의 심리학자.

356 아이작 월턴Izaak Walton(1593-1683), 영국의 작가.

357 기든 하비Gideon Harvey, 17세기 네덜란드 출신 영국 의사.

358 조지 체인George Cheyne(1672-1743), 스코틀랜드의 의사, 철학자.

359 매튜 그린Matthew Green(1696-1737), 영국의 시인.

360 16-18세기 유럽의 상류층 청년이 이탈리아 등 유럽을 여행하며 견문을 넓히고 그리스와 로마의 고전 문화를 배우는 일.

361 호레이스 월폴Horace Walpole(1717-1797), 영국의 정치인, 작가.

362 토비아스 스몰렛Tobias Smollett(1721-1771), 스코틀랜드의 소설가.

363 제임스 보즈웰James Boswell(1740-1795), 스코틀랜드의 작가.

364 윌리엄 토머스 벡포드William Thomas Beckford(1760-1844), 영국의 정치인, 작가.

365 올리버 골드스미스Oliver Goldsmith(1728-1774), 아일랜드의 작가.

366 로렌스 스턴Laurence Sterne(1713-1768), 영국의 작가.

367 바랑 부인Madame de Warens(1699-1762), 젊은 루소의 보호자이자 연인이었다.

368 Montpellier. 프랑스 남부 도시로 중세부터 의과대학을 중심으로 많은 의사를 배출했다.

369 앙투안 프랑수아 프레보Antoine François Prévost(1697-1763), 프랑스의 작가, 종교인. 보통 '프레보 신부'라는 뜻의 '아베 프레보abbé Prévost'로 부른다.

370 프랑스어 'se rapatrier avec'은 '……와 화해하다'를 뜻할 수도, '……을 가지고 본국으로 돌아가다'를 뜻할 수도 있다.

371 베네딕트오귀스탱 모렐Bénédict-Augustin Morel(1809-1873), 프랑스의 정신과 의사.

372 뱅자맹 발Benjamin Ball(1833-1893), 프랑스의 의사, 신경학자.

373 Intempérie. 원래 이 말은 대기 상태는 물론이고 체액의 불균형, 혼란을 지시할 때도 사용되었다.

374 히에로니무스 메르쿠리알리스Hieronymus Mercurialis(1530-1606), 이탈리아의 의사, 문헌학자.

375 Lucca. 이탈리아 중북부 도시.

376 Spa. 벨기에의 도시. 특히 18세기에 온천으로 유명했다.

377 Anosognosie. 자신의 병을 인지할 능력이 소실되거나 혹은 병을 부정하는 증상.

378 마르셀 플로르캥Marcel Florkin(1900-1979), 벨기에의 생화학자.

379 드니 디드로Denis Diderot(1713-1784), 프랑스의 작가, 철학자.

380 테오필 드 보르되Théophile de Bordeu(1722-1776), 프랑스의 의사, 철학자. 생기론을 주장했다.

381 Dégénérescence. 이 말은 생물학에서 종의 퇴화를, 의학에서 기관이나 기능의 퇴화를 지시하기 위해 사용된다. 또한 도덕적이고 역사적인 쇠퇴, 타락을 의미하기도 한다.

382 Médecine d'asile. 후에 '병원치료médecine d'hôpital' 개념으로 순화된다. 의료시설 밖에서 치료하는 '생활치료médecine de ville'와 대비된다.

383 Neurasthénie. '신경쇠약증'이라는 말이 쓰이기 시작한 것은 1869년이지만, 증상 자체는 고대부터 멜랑콜리, 히포콘드리아 등과 연관되었다.

384 구약성경에서 이스라엘 왕국의 초대 왕.

385 구약성경에서 이스라엘 왕국의 두 번째 왕.

386 번역은 개역한글판을 따랐다.

387 고대 그리스에서 야생의 자연을 체현하며 죽음과 재생을 관장하는 여신 키벨레를 음악과 춤으로 모시는 사제.

388 플라톤Platōn, Platon(fr.), 기원전 4세기 고대 그리스의 철학자.

389 그리스신화의 대표적 시인, 음악가.

390 휘호 판데르 휘스Hugo van der Goes(1440-1482), 플랑드르의 화가.

391 할마 G. 잔더Hjalmar G. Sander의 정보를 알 수 없다.

392 수도원이나 지역을 관리하는 상급 선출 성직자를 일컫는 말.

393 고대 그리스의 현악기.

394 Melopoiia, Mélopée(fr.). 고대 그리스 음악에서 성악을 작곡하는 기술이나 규칙.

395 클라우디오스 프톨레마이오스Claudios Ptolemaios, Claude Ptolémée(fr.), 2세기 그리스의 수학자, 천문학자, 점성학자.

396 바르톨로메 라모스 데 파레하Bartolomé Ramos de Pareja, 15-16세기 스페인의 수학자, 음악 이론가.

397 Esprit subtil. 앞에서 이미 '정기'와 '동물정기'에 대해 말했다. 이제 스타로뱅스키는 피치노가 '정기'의 풍부한 함축을 종합하는 방식을 묘사하려 한다. '미세정기'는 영혼, 지성과 몸을 잇는 물질이고, 이 물질은 인간 내부에만 있는 것이 아니라 우주 전체에 흩뿌려져 있다. 그것은 정묘한 물질의 보편적 원리이고 전 우주의 에테르다.

398 Restauration. 이 단어는 미술품과 건축, 특정한 종교나 정치 세력에 쓸 수 있지만, 신체 일부를 재생시키고 복구하는 의학적 과정을 지시할 수도 있다.

399 Spiritueux. 이 단어와 '정기esprit'는 동일한 어원을 갖는다. '독주'로 번역할 수도 있다.

400 피치노의 연금술에서 '철학자의 돌'을 만드는 과정은 세 개의 태양이 상징하는 색깔, 즉 검정, 하양, 빨강으로 구분된다고 한다.

401 피치노는 각 현실 종교에 의해 부분적으로 드러나는 진정한 참된 종교가 있다고 믿는다. 그에게 '옛 신학자들prisci theologi'은 이 유일한 종교의 일면을 보여준 과거의 현자들이다.

402 고대 그리스의 밀교인 오르페우스교의 찬가를 뜻한다.

403 Jovial. '유쾌한', '명랑한'을 뜻하는 이 프랑스어 형용사의 어원은 유피테르Jupiter, 즉 목성과 관련된다.

404 '마시다'라는 뜻이다.

405 '신성한 술병dive bouteille'은 16세기 프랑스 작가 프랑수아 라블레François Rabelais의 《제5서 *Le Cinquième Livre*》에 등장한다. 긴 여정 끝에 팡타그뤼엘은 신성한 술병의 계시를 받는다. 이것이 그 유명한 "마셔라!"다.

406 피에르 드 롱사르Pierre de Ronsard(1524-1585), 프랑스의 시인.

407 하인리히 코르넬리우스 아그리파 폰 네테스하임Heinrich Cornelius Agrippa von Nettesheim (1486-1535), 독일의 비교 이론가.

408 카발라는 유대교 신비주의 사상의 이름이다.

409 하인리히 코르넬리우스 아그리파 폰 네테스하임Henricus Cornelius Agrippa de Nettesheim, 《신비 철학*De occulta philosophia*》, 1533.

410 아타나시우스 키르허Athanasius Kircher(1602-1680), 독일의 예수회 성직자.

411 여러 개의 종을 조율하여 만든 악기.

412 Nancy. 프랑스 동북부의 도시.

413 프랑수아니콜라 마르케François-Nicolas Marquet(1687-1759), 프랑스의 의사.

414 피에르조제프 뷔코Pierre-Joseph Buc'hoz(1731-1807), 프랑스의 변호사, 의사.

415 Affektenlehre, théorie des passions(fr.). 청각적 혹은 시각적 기호와 정념 사이의 호환성을 강조하는 미학. 17-18세기 독일 이론가들에 의해 정식화된다.

416 발터 세라우키Walter Serauky(1903-1959), 독일의 음악학자.

417 Lois primitives. 일반적으로 법학에서 성문화되기 전 사회를 규제하던 법을 지시한다.

418 '멜랑콜리' 혹은 '우울증'을 뜻하는 독일어.

419 Démence. 이 단어는 경우에 따라 광기 일반을 지시하기도 하지만 의학에서는 회복 불능의 지능장애를 가리킨다. 일관되게 '치매'로 옮긴다.

420 바람이 불면 자연스럽게 울리도록 설계한 하프. 아이올로스는 그리스신화에서 바람의 신이다.

421 La Marseillaise. 프랑스혁명 중 만들어진 노래로 프랑스 국가가 된다.

422 Religion de la musique. 19세기 프랑스 각지에서 콘서트 붐이 일어나고, 음악에 대한 대중의 열광과 교양이 고양된 현상.

423 Loi des associations. 혹은 '(관념)연합법칙'이라고도 옮긴다. 존 로크John Locke(1632-1704)와 데이비드 흄David Hume(1711-1776)으로부터 발전한 '연상법칙'은 관념의 형성과 결합 원리를 규명함으로써 근대 심리학과 정신의학에 큰 영향을 끼쳤다.

424 생리학과 심리학이 모두 사용하는 용어다.

425 Sociothérapie. 사회적이거나 대인적인 요소를 활용하는 치료법.

426 Geel. 벨기에 북부의 네덜란드어권 도시. 13세기부터 정신이상자들의 가족요법과 농업식민지로 유명하다.

427 Colonie agricole. 정신이상자, 부랑아, 범죄자 등을 지역 농부들과 함께 살게 하면서 농사를 통해 관리하고 교정하는 제도. 재소자의 자유는 상당히 제한된다. 19세기에 이 제도는 유럽의 해외 식민지 개척에도 활용된다.

428 Traitement familial. 20세기 중반 발전한 '가족치료'는 의사가 환자를 포함한 가족에게 개입하는 형태를 주로 지시하나, 스타로뱅스키는 19세기에 유사 가족을 구성하는 요법을 이 표현에 연관시키고 있다.

429 몸 일부에 다량의 물을 떨어뜨리는 치료법.

430 관을 통해 코나 목으로 음식물을 주입하는 방법.

431 Rue Neuve-Sainte-Geneviève. 파리 5구의 거리로 현재는 투른포르Tournefort 거리다.

432 Psychothérapies de groupe. 한 공간에서 여러 명의 환자를 치료하는 방법.

433 Transfert. 어떤 대상을 향하던 감정이나 욕망이 다른 대상으로 이전되는 현상.

434 Délire partiel. 에스키롤이 주창한 개념으로, 환자가 특정 사안에서만 거짓 전제에 기초한 추론을 진개하는 것을 뜻한다. 하지만 추론의 논리성 자체나 다른 사안에서의 생각은 아무런 문제를 보이지 않는다.

435 Appareil de relation. 감각기관, 신경기관, 운동기관 등 개인이 외부 세계와 관계를 가지도록 하는 기관 일체. 공인된 역어는 없는 것 같다.

436 장피에르 팔레Jean-Pierre Falret(1794-1870), 프랑스의 정신과 의사.

437 앙투안 로랑 벨Antoine Laurent Bayle(1799-1858), 프랑스의 정신과 의사.

438 테오도르 헤르만 마이네르트Theodor Hermann Meynert(1833-1892), 독일의 정신과 의사.

439 국부적 빈혈의 악화로 해당 부위에서 혈액을 거의 볼 수 없는 증상.

440 유전으로 인해 병이 한 가족에게 빈번하게 유발되는 현상.

441 Folie circulaire. '양극성장애'가 공인되기 전의 개념. 통용되는 역어는 없다.

442 조제프 기슬랭Joseph Guislain(1797-1860), 벨기에의 정신과 의사.

443 École organicienne. 생기론에 반대하여 질병을 비롯한 신체적 현상을 기관의 문제로 한정하고 해부학을 중시한 학파.

444 19세기 전반 독일의 낭만주의적 자연철학과 연관되어 전개된 정신의학 사조. 자연과 정신의 통일성이라는 낭만주의적 세계관 아래에서 정신질환의 근원을 환자 내면의 고유한 역동적 정신현상에서 찾았으며, 정신요법을 강조한다. 우리가 살펴본 라일, 하인로트 등이 이 사조에 속한다.

445 로랑 알렉시 필리베르 스리즈Laurent Alexis Philibert Cerise(1807-1869), 프랑스의 의사.

446 현대 의학에서도 사용되는 이 문장의 용어들을 여기에서는 느슨하게 이해해야 한다. 예를 들어 현대 의학에서 특정 부위의 신경 분포 상태를 지시하는 '신경활동innervation'은 19세기에는 신경과 신경계의 모든 활동을 통칭할 수 있었다. 또한 '뇌신경절cérébro-ganglion'을 현재의 뜻으로, 즉 무척추동물의 머리 혹은 소화관 주변의 신경세포체로만 이해할 수는 없을 것이다.

447 Enthousiasme. 계몽주의는 정념의 통제 불가능한 힘을 두려워했다. 종교적 현상과 연관된 '열광'은 18세기 내내 근심의 대상이었다.

448 19세기 의학의 표현인 '길항적 신경활동innervation antagonste'과 '협력적 신경활동innervation synergique'이 대비되고 있다. 말 그대로 전자가 신경활동 내 대립적 힘들 사이의 긴장을 뜻한다면, 후자는 힘들이 서로 협력하여 상승효과를 내는 관계를 지시한다.

449 윌리엄 퍼펙트William Perfect(1734-1809), 영국의 의사.

450 녹나무라고도 불리는 장뇌목에서 얻는 유기 화합물.

451 현삼과 여러해살이풀인 디기탈리스의 잎을 말린 약재.

452 루카스 요하네스 스판다브 두셀리에Lucas Johannes Spandaw Ducelliee. Jean Spandaw du Celliée (fr.)(1772-1818), 네덜란드의 의사, 행정가.

453 카롤루스 루도비쿠스 브루흐Carolus Ludovicus Bruch, 스트라스부르 지역의 의사로 추정된다.

454 최면술의 역사는 길지만, 동물자기와 함께 의학적 쟁점으로 다시 부상했다.

455 Fluide électrique. 전기현상을 일으키는 미세하고 운동성이 큰 유체를 일컫던 말.

456 자크 루비노비치Jacques Roubinovitch(1862-1950), 프랑스의 정신의학자. 에두아르 툴루즈Édouard Toulouse(1865-1947), 프랑스의 정신의학자.

457 약물을 피부 밑에 주사하는 방법.

458 Liquide nerveux. 신경과 관련한 액체를 포괄하는 고어로, 19세기 말에는 인간에게 주사하기 위해 동물의 뇌에서 추출하는 특정 액체를 지시하기도 했다.

459 Liquide testiculaire. 1889년 프랑스 의사 샤를에두아르 브라운세카르Charles-Édouard Brown-Séquard(1817-1894)는 동물의 고환에서 추출한 물질을 주사하여 여러 효험을 봤다고 주장했다.

460 명태, 대구 등의 간에서 뽑은 지방유.
461 황색 액체로 고혈압, 협심증 치료제나 마약으로 쓴다.
462 Traitement par le lit. 말 그대로 정신이상자가 침대에 머무르는 방식을 규제하여 치료하는 방법. 19세기 후반에 많이 논의되었다.
463 Nervin. 신경에 작용하여 신경을 강화하거나 진정시키는 약.
464 압력을 높인 공기를 신체에 사용하는 치료법. 19세기 중후반에 연구되었다.
465 말 그대로 붉은빛에 신체를 노출시키는 치료법.
466 쥘리 드 레스피나스Julie de Lespinasse(1732-1776), 프랑스의 문인.
467 데팡 부인Madame du Deffand(1696-1780), 프랑스의 사교계 인사. 롤랑 퓌쇼 데 알뢰Roland Puchot Des Alleurs(1693-1754), 프랑스의 외교관. 피에르 드 세귀르Pierre de Ségur(1853-1916), 프랑스의 역사가.
468 뱅자맹 콩스탕Benjamin Constant(1767-1830), 프랑스의 문인, 정치인.
469 이자벨 드 샤리에르Isabelle de Charrière(1740-1805), 네덜란드, 스위스 국적의 문인.
470 새뮤얼 테일러 콜리지Samuel Taylor Coleridge(1772-1834), 영국의 시인.
471 토마스 드 퀸시Thomas de Quincey(1785-1859), 영국의 소설가.
472 존 페리아John Ferriar(1761-1815), 스코틀랜드의 의사.
473 루이 오디에Louis Odier(1748-1817), 스위스의 의사, 번역가.
474 프리드리히 제르튀르너Friedrich Sertürner(1783-1841), 독일의 약제사.
475 모르핀은 아편에서 추출한다.
476 클로드프랑수아 미쉐아Claude-François Michéa(1815-1882), 프랑스의 정신과 의사.
477 독일의 의사인 알베르트 첼러Albert Zeller(1804-1877)를 가리키는 것 같다.
478 프리드리히 엥겔켄Friedrich Engelken(1806-1858), 독일의 정신과 의사.
479 아돌프 알브레히트 에를렌마이어Adolf Albrecht Erlenmeyer(1822-1877), 독일의 정신과 의사.
480 에드워드 시모어Edward Seymour(1796-1866), 영국의 의사. 오귀스트 부아쟁Auguste Voisin(1829-1898), 프랑스의 신경학자.
481 파울 나케Paul Näcke(1851-1913), 독일의 정신의학자.
482 발랑탱 마냥Valentin Magnan(1835-1916), 프랑스의 정신의학자.
483 가짓과 식물에서 추출하는 알칼로이드로서 진정 작용을 한다.
484 파벨 이바노비치 코발레스키Pavel Ivanovič Kovalevskij. Pavel Ivanovitch Kovalevsky(fr.)(1850-1923), 러시아의 정신의학자.
485 가짓과 식물의 알칼로이드로서 부교감신경차단제다. 진경제 등으로 사용한다.
486 마약성 수면진정세.
487 브로민화 이온의 화합물로서 진정제로 사용되었다.
488 우레탄은 지금도 간혹 최면제로 쓰지만, 술포날과 파라알데히드는 독성 때문에 사용하지 않는다.
489 에밀 크레펠린Emil Kraepelin(1856-1926), 독일의 정신의학자.
490 쥘 뤼스Jules Luys(1828-1897), 프랑스의 정신과 의사.
491 이 책이 출판된 1960년을 생각해야 할 것이다.

492 스타로뱅스키는 프랑스어 'assister'의 중의성을 활용하고 있다. 이 단어는 경우에 따라 '조력하다'와 '목격하다'를 모두 뜻한다.

493 조르주 뒤마Georges Dumas(1866-1946), 프랑스의 심리학자, 의사. 《멜랑콜리의 잉크》 후기를 썼다.

옮긴이 해제

멜랑콜리, 은폐된 은유

《멜랑콜리 치료의 역사*Histoire du traitement de la mélancolie*》는 스위스 학자 장 스타로뱅스키Jean Starobinski(1920-2019)가 1959년 로잔대학에서 발표한 의학 박사학위 논문을 이듬해 출판한 것이다. 반세기 동안 멜랑콜리 연구 문헌 목록에 상주한 이 책은 이후 그가 문학비평가이자 관념사가로서 작성한 글들과 나란히 2012년《멜랑콜리의 잉크*L'encre de la mélancolie*》에 수록되었다. 가볍지만 많은 것을 함축하는 본 저작의 기획, 발생, 방법은 실행의 모든 어려움과 함께 두 저자 서문에 명확히 서술되어 있다. 번역자가 말을 보탤 이유가 없는 것 같다.

게다가 제목의 구성 요소들은 단순하고 분명하다. 멜랑콜리, 치료, 역사. 그러한가?

실존의 기초를 무너뜨리고 불행을 절대화하는 정신적이고 신체적인 기제인 멜랑콜리는 인간의 보편적 현상이었으며, 앞으로도 그러할 것이다. 그런데 동일한 이름으로 불리는 증상의 경계는 언제나 모호했고, 2천 년 이상 원인으로 지목된 흑담액은 상상의 물질이었으며, 근거가 부족한 상충하는 치료법들은 삶의 지혜를 담는다 해도 본질적으로 임기응변에 가까웠다. 신경계의 중요성을 인식하고, "정신적 치료"를 고안하고, 정신병원에 온갖 도구와 화학물질을 비치한 19세기 근대 정신의학은 끊임없이 혁신을 시도하면서 방황과 좌절을 섭렵했다. 20세기 의학은 전근대 의학의 영향에서 벗어나 소위 객관적이고 과학적인 방법을 따르고자 "멜랑콜리"를 폐기하고 "우울증depression" 개념을 고안한다. 하지만 이해의 측면에서나 치료의 측면에서나 상황이 진정으로 개선되었는지에 대해서는 의견이 분분하다. 1950년대부터 개발되고 상품화된 일련의 항우울제는 분명 도움이 되지만, 논쟁은 이어진다.

멜랑콜리는 끝내 설명되지 않는다. 치료는 여전히 불확실하다. 뇌신경과학과 항우울제는 역사가 끝났다고 설득한다. 지성의 무능, 실천의 부실, 역사의 종말. 세 가지 차원의 실패를 확인하는 "멜랑콜리 치료의 역사"는 그 자신이 멜랑콜리의 한 표현이 아니라면 무엇일 수 있는가?

2012년의 회고조 서문에 의하면 《멜랑콜리 치료의 역사》는 "새로운 약물요법의 시대"를 맞은 의사들이 본인의 일을 역사적으로 바라보도록 하려는 목적에서 기획되었다. 의학사 연구로서 이 작업은 이중으로 소극적이다. 그것은 독자를 의사, 즉 자신의 과거에 무지한 직업인으로 한정할 뿐 아니라, 2천 년 넘게 지속된 어떤 역사가 끝에 이르렀음을 인정한다. 또한 협소한 의미의 역사학적 가치 평가를 실시하면 여러 누락과 축약, 과감한 자의성과 탁견까지 약점으로 나타날 것이다.

다른 한편 스타로뱅스키는 개인의 지적 여정을 묘사한다. 그는 장 자크 루소에 대한 문학 박사학위 논문과 멜랑콜리 치료사에 대한 의학 박사학위 논문을 완성하고 나서 문학 연구의 길을 택한다. 그는 이 선택을 배타적인 것으로 보는 의견에 적극 반박한다. 실제로 그의 여러 연구는 멜랑콜리의 역사 혹은 멜랑콜리 이후의 역사 속에서 근대 작가들의 내적 구조를 재구성한다. 《세 격앙*Trois fureurs*》(1974), 《운동하는 몽테뉴*Montaigne en mouvement*》(1982), 《거울 앞의 멜랑콜리*La mélancolie au miroir*》(1989), 《작용과 반작용*Action et réaction*》(1999), 그리고 《멜랑콜리의 잉크》(2012)는 하나의 세계관으로서 멜랑콜리와 정신의학의 사유가 유럽 문학과 문화에 얼마나 깊이 뿌리내리고 있는지 입증할 것이다.

이 중 어떤 책도 아직 한국에 소개되지 않았다. 이 책들과 상호작용하는 현대 멜랑콜리 연구의 중요 결과들도 마찬가지다. 스타로뱅스키가 의학적 멜랑콜리 시대의 종결을 목격하고 문학 연구로 방향을 잡으며 《멜랑콜리 치료의 역사》를 출판했을 때, 또 다른 고전인 《토성과 멜랑콜리*Saturn and Melancholy*》(1964)가 우여곡절을 극복하고 세상에 나올 준비를 하고 있다. 알브레히트 뒤러의 판화 한 점을 이해하기 위해 고대에서 르네상스에 이르는 멜랑콜리의 의학적, 철학적, 종교적, 상징적 코스모스를 탐사하는 이 기념비적 저작은 사실 에르빈 파노프스키Erwin Panofsky(1892-1968)와 프리츠 작슬Fritz Saxl(1890-1948)이 그 초기 결과를 1923년 독일에서 선보인 바 있다. 그런데 나치를 피해 미국으로 도피한 도상해석학의 대가 파노프스키는 어찌된 일인지 완강히 새 출판을 거부한다. 레몽 클리방스키Raymond Klibansky(1905-2005)가 그를 설득한 것이 1955년이고, 십여 년의 준비 끝에 많은 것이 보충되고 조정된 영어 판본이 빛을 보게 된다.

스타로뱅스키의 의학사와 세 도상해석학자의 백과사전적 작업이 같은 시기에 출판된 것은 우연일까? 세상을 폐허로 만든 전쟁과 곧바로 시작된 냉전이 유럽 지성에 부과한 절망과 퇴화를 짐작할 수 있다. 문명의 자살 충동 앞에서 이성은 무화되고 실천은 부질없으며 역사는 힘의 대결로 축소된다. 깊고 헤어날 길 없는 멜랑콜리의 시대가 도래한 것 같았다. 이때 스타로뱅스키와 파노프스키, 작슬, 클리방스키는 개별적으로, 각각 문학사와 미술사의 전통으로부터 멜랑콜리 문제를 제기했다.《멜랑콜리 치료의 역사》가 의사를 위한 교양서로 기획되었다는 사실과 파노프스키가 뒤러에 대한 자신의 단독 연구에 충분한 자율성을 확보한 후에야《토성과 멜랑콜리》의 출판을 허락했다는 사실은, 그러므로 20세기 중반 유럽의 조건하에서, 두 책의 우발적 동시성에 의미를 부여함으로써 더 넓은 시야에서 해석되어야 한다.

이에 대한 단서로 학문적 계보 하나를 언급하고 싶다. 파노프스키, 작슬, 클리방스키의 지적 공동체가 도상해석학의 기초를 놓은 아비 바르부르크Aby Warburg(1866-1929)를 중심으로 형성된 것은 잘 알려져 있다. 이 바르부르크 그룹과 긴밀한 연관을 맺은 독일 철학자가 에른스트 카시러Ernst Cassirer(1874-1945)다. 도상해석학의 전개와 파노프스키, 작슬의 1923년 작업은 동시대 카시러의《상징형식의 철학*Philosophie der symbolischen Formen*》(1권 1923, 2권 1925, 3권 1929),《르네상스 철학에서의 개체와 우주*Individuum und Kosmos in der Philosophie der Renaissance*》(1927)와 따로 생각할 수 없다. 그런데 카시러는 또한 스타로뱅스키의 평생에 걸친 루소 연구를 추동할《장 자크 루소 문제*Das Problem Jean-Jacques Rousseau*》(1932)와《계몽주의 철학*Die Philosophie der Aufklärung*》(1932)의 저자이기도 하다. 스타로뱅스키는 카시러가 계몽주의와 루소에 대해 실행한 체계화가 파시즘의 억압에 대한 묵묵한 저항이었다고 평가한다. 파노프스키의 도상해석학과 스타로뱅스키의 문학비평은 문화의 총체성을 모든 상징형식을 통해 복원하여 문화에 대한 신뢰를 보호하려는 카시러의 이념과 방법에 공동으로 빚지고 있다. 이 관계는 멜랑콜리에 대한 의학사 작업과 이후 문학 연구가 별개가 아니라는 스타로뱅스키의 주장에도 증거로 채택될 만하다.

멜랑콜리가 미지의 혼란스러운 증상이라 해도, 멜랑콜리의 사유는 구체적 현실에 대한 역사적 노력이다. 더 방대하고 직접적인《토성과 멜랑콜리》에서 파노프스키와 그의 동료들은 중세가 망각한 멜랑콜리의 창조적 고통과 힘이 르네상스의 철학과 예술에 의해 활성화되는 양상을 추적한다. 빅토르 위고의 공식 "슬프다는 행복bonheur d'être triste"이 이처럼 엄밀하고 체계적으로 규명되는 일은 흔치 않다.《멜랑콜리 치료의 역사》는 훨씬 소박하고 겸손한 의학사의 형태를 취한다. 실상은 그렇지 않다. 혹은,《토성과 멜랑콜리》의 방법인 도상해석학이 미술사를 식별과 가치 평가라는 전통적 업무로부터 이미지를 매개로 결합한 인간과 문화에 대한 일반적 탐구로 격상시킨 것처럼,《멜랑콜리 치료의 역사》는 의학사라는 분과가 간편한 선입견과 달리 더 심오한 것일 수 있음을 보여주려는 것 같다.

책을 펼치면 우선 수많은 이름이 눈에 띈다. 히포크라테스, 켈수스, 갈레노스부터 아프리카인 콘스탄티누스와 파라켈수스를 거쳐 피넬과 에스키롤까지, 고대에서 근대에 이르는 주요 의사와 의학 사상가 들이 두드러진다. 의학사 연구로서《멜랑콜리 치료의 역사》는 이들의 이름을 여러 챕터의 제목으로 삼는다. 바로 그래서 책의 첫 장이 "히포크라테스 저작"이 아니라 "호메로스"라는 사실은 의미심장하다. 내내 거론되는 작가 명단은 꽤 길어서 철학자 명단이 왜소해 보일 정도다. 사포, 소포클레스, 오비디우스, 몽테뉴, 뒤 벨레, 라퐁텐, 월턴, 던, 셰익스피어, 스위프트, 볼테르, 프레보, 루소, 괴테, 사드, 콩스탕, 스탕달, 보들레르, 피란델로……. 의학의 역사는 문학의 역사 없이 성립할 수 없는 것처럼 보인다.

그는 멜랑콜리를 함부로 정의하지 않으면서, "모든 이미지와 관념의 시작"인 호메로스를 읽으며 그 본질에 다가선다. 신들에게 버림받고 타인과 어떤 만남도 가질 수 없는 벨레로폰의 멜랑콜리는 간단히 "고독"으로 규정된다. 바깥의 어떤 것도 받아들이지 않는다는 의미에서 멜랑콜리는 초월적 힘의 현존인 "마니아"와 상반되는 상태다. 따라서 멜랑콜리는 개인의 철저한 자각이다. 그는 자신이 혼자임을 진심으로 알고 있으며, 완전히 체화한다. 오직 그만이 현실을 있는 그대로 본다. 모든 초월적 환상과 사회적 편견에서 벗어난 그는 어떤 의미에서 더할 수 없이 계몽된 인간이다. 하지만 이 계몽은 삶을 불가능하게 하는 "비애와 공포"를 달리 말한 것일 뿐이다. 그는 자신 안에 영원히 갇혀, 자신 안에 갇힌 고통을 느낀다.

신도 사회도 접촉할 수 없는 그를 어떻게 끄집어낼 수 있을까? 호메로스가 제시하는 "온전히 인간적인 기법"은 가장 아름다운 여성이 조제한 약, 헬레네의 네펜데스다. 이 놀라운 이미지 혹은 관념의 핵심은 헬레네의 미모나 네펜데스의 실제 성분이 아니다. 이때 네펜데스의 재료인 식물은 흔히 대립 관계에 놓이는 정념적 식물학과 의학적 식물학의 공통 대상이다. 그것은 사랑하는 사람이 건네는 꽃이자 약초다. 치료는 감정과 물질을 분리하지 않으며, 영혼과 신체의 복합물을 고려한다. 그것의 유효성분은 자연과 문화에서 동시에 추출된다.

치료 이미지의 이러한 구조는 아마도 오랜 경험에서 유래했을 것이다. 멜랑콜리는 증상에서나 치료 경과에서나 마음과 몸의 구분을 어지럽게 만든다. 많은 경험은 병의 구조에 대한 통찰을 낳는다. 멜랑콜리는 순수한 개인의 병이지만, 우리의 인간학적 원리에서 순수한 개인은 모순적이다. 왜냐하면 다른 모든 관계가 사라져도 신체와 영혼의 관계, 그리고 이것이 전제하는 자연과 문화의 관계는 남기 때문이다. 멜랑콜리는 인간과 문명을 지탱하는 이 본질적 관계를 문제로 제기한다. 이런 까닭에 보편적 현상으로서 멜랑콜리는 인간과 문명에 대한, 최소한 유럽적 사유의 근본 주제다. 다시 한번 너무 지성적인 인상을 줄까 봐 환언하자면, 멜랑콜리의 인간은 이 마지막 관계를 견딜 수 없는 부조리로 느낀다.

방금 단락이 스타로뱅스키의 호메로스 독서를 다소 부풀렸는지 모르겠다. 그 덕에 현대 멜랑콜리 연구의 고전을 하나 더 소개할 수 있다. 프랑스의 고대 문헌학자이자 의학사가인 자키 피조Jackie Pigeaud(1937-2016)는 《영혼의 질병*La maladie de l'âme*》(1981), 《멜랑콜리아*Melancholia*》(2008) 등에서 고대인들이 멜랑콜리에 심어둔 철학적, 의학적, 수사학적 쟁점을 발굴한다. 그가 풍부한 문헌을 통해 입증해 두었기에, 우리는 멜랑콜리를 "개인의 병"으로 규정하고 그 원리가 "영혼과 신체의 관계", "자연과 문화를 가르는 선"에 있다고 말할 수 있다.

이렇게 문학은 멜랑콜리가 좁은 분과의 대상이 아니라 고대부터 이어진 인간의 유한성에 대한 일반적 문제임을 보여준다. 또한 문학은 이 이해 불가능한 유한성을 물질적인 것과 비물질적인 것, 그리고 인위적인 것과 그렇지 않은 것의 관계로 구조화함으로써 멜랑콜리의 사유에서 의학의 지위를 지정한다. 다만 의학이 멜랑콜리 현상에서 신체와 자연의 측면을 전담하는 지적 활동이라고 판단하지 말아야 한다. 멜랑콜리가 개인이 신체와 영혼, 자연과 문화 사이에서 겪는 곤란함을 지시한다면, 의학은 이 관계들의 첫 번째 항들에서 인간을 바라본다 해도 결국 이것들이 두 번째 항과 복잡하게 얽혀 있다는 사실을 이미 알고 탐사 중이다. 《멜랑콜리 치료의 역사》의 첫 번째 장이 마치 문학이 의학사를 정초하는 것 같은 인상을 주는 것은 다분히 방법적이다.

예를 들어 1부 마지막 장 〈철학자의 개입〉을 보라. 고대 세계의 한편에는 "우울한 상태"를 멜랑콜리라는 "기질성 이상"으로 다루는 의사가 있고, 다른 한편에는 그것을 관념의 문제로 파악하고 "위로"를 주려는 철학자가 있다. 그런데 역할 분담 혹은 협진의 구조가 제시되고 나서 곧장 인용되는 히포크라테스와 데모크리토스 사례는 상황을 전환시킨다. 의사 히포크라테스는 철학적 대화를 거쳐 데모크리토스의 정신이 명철함을 확인하고, 치료가 필요한 자는 한 개인이 아니라 나머지 인민 전체라는 반민주주의적 진단을 내린다. 의사는 신체적 현상의 전문가로서 철학자의 영혼을 판단하고 보호한다. 그는 자연적 기제의 권위자로서 인민의 문화적 상태를 비판하고 정치적 역할을 수행한다.

의학의 복합적 지위는 책의 대상인 멜랑콜리 치료사에서 의학 내적 논리와 실천으로 증명된다. 최소한 18세기까지 멜랑콜리 치료의 일관된 원리는 흑담액을 몸에서 빼내거나, 그것을 몸 안에서 이동시키고 변질시키는 것이다. 각 시대와 사회의 의사들은 흑담액에 특정한 방식으로 작용할 것이라고 추론된 물리적 또는 화학적 작용을 고안한다. 이러한 치료법은 식이요법과 약초부터 천두술까지 매우 다양하다. 하지만 전근대 의학의 멜랑콜리 치료가 신체에 대한 자연학적 작용만 고려하는 것은 아니다. 스타로뱅스키는 추론에 의해서든 경험에 의해서든 이미 고대 의사들이 "진정한 정신요법"을 물질적 치료와 통합했음을 관찰한다. 그들은 사려 깊은 방식으로 문화적이고 사회적인 환경을 고려하면서 환자의 자아를 수정하고 보강할 줄 알았다. 손쉬운 격려부터 오락과 여행, 음악과 작문까지 이 방면에서도 처방전은 얼마든지 길다. 흑담액 가설의 지배하에서 이 치료법들은 근대 정신의학의 여러 "정신적 치료", 관념과 감정에 작용하려는 기법들을 예고한다.

근대 과학의 기준에서 근거가 부실한 치료의 장구한 연속성을 이해하기란 쉽지 않다. 스타로뱅스키는 멜랑콜리 치료의 역사성을 책 곳곳에서 간명하게 통찰한다. 모든 것을 살펴보지 못해도 몇 가지 쟁점은 되새길 만하다.

먼저, 동일한 치료의 존속은 비과학적이고 비역사적인 의학의 관성이 아니다. 고대부터 현대까지 끊임없이 권장되는 여행을 생각해 보자. 여행은 3부의 단독 챕터에서 본격적으로 논의되지만, 스타로뱅스키는 1부부터 멜랑콜리 치료법으로서 여행의 긴 역사를 준비한다. 로마제국의 의사 켈수스가 처음 치료법으로 제시한 여행은 체액론에 기초한 요법의 보조 수단이었다. 반대로 중세 세계관에서 여행은 수도원 생활의 치명적인 병인 "아케디아", 즉 나태의 증상이지 치료법이 아니었다. 여행이 다시 멜랑콜리 치료법으로 등장한 곳은 근대화되는 사회다. 이때 처방으로서 여행은 체액론적 배경에서 완전히 벗어나지 않아도 다른 문화적 맥락 속에 있다. 문명은 사람들을 열악한 도시에 감금하고, 젊은이들의 교양 교육과정으로서 "그랜드 투어"가 확산하며, 근대적 계급 분화가 정신적 문제의 대응에서도 나타난다. 멜랑콜리 치료의 역사는 여행의 단순한 반복을 제시하는 것이 아니라, 여행이라는 주제에 대한 각 시대 고유의 해석을 나열한다.

스타로뱅스키가 서문에서 확언하듯 "의사의 측면에서나 환자의 측면에서나 병은 문화적 사실"이다. 하지만 각 시대가 몇몇 의학적 주제를 해석한 결과들을 수집한다고 해서 의학사를 얻는 것은 아니다. 다시 한번 주의하자. 병은 "문화적 사실"이면서 동시에 자연적 사실이다. 하제에 의한 배출이 이 역사의 지속적 주제였다면, 그것은 해당 치료법의 효과가 확실하지 않을지언정 어느 정도 관찰되고 인정되었기 때문이다. 병과 치료의 물질적이고 자연적인 성격은 의학적 사유의 부정할 수 없는 토대다. 18세기까지 멜랑콜리의 원인으로 지목된 흑담액을 찾아 신체 구석구석을 헤맨 것처럼, 프로이트는 뇌 연구의 발전이 언젠가 무의식의 해부학적 소재지를 확인해 줄 것이라 믿었다. 지금 우리는 그리 단순한 방식은 아니어도 미래의 뇌신경과학이 우울증 기제를 완전히 해명해 주리라 기대하면서 그때까지 전통적인 심리요법과 행동요법을 사용할 수밖에 없음을 아쉬워한다.

신체와 영혼, 자연과 문화의 필연적이되 견디기 힘든 결합으로서 멜랑콜리, 그리고 고유한 관점과 방법으로 멜랑콜리의 인간학적 진실을 발견하고 대응하는 의학적 사유. 하지만 이 진술만으로는 멜랑콜리 치료의 역사를 가능케 하는 토대를 납득할 수 없다. 이것만으로는 문학과 의학사의 내재적 관련을 이해할 수도 없다. 이에 대해 고작 네 문단으로 구성된 2부의 〈잔존〉 챕터는 흥미로운 성찰의 보고다. 이 장에서 스타로뱅스키는 멜랑콜리 치료의 (문학적) 역사를 원리적으로 규정한다.

멜랑콜리의 역사는 흑담액과 그 파생물 혹은 파생관념의 역사다. 흑담액은 각 문화 고유의, 실증적일 수도 있고 그렇지 않을 수도 있는 상상적 논리에 의해 진화한다. 따라서 어느 시대건 흑담액과 그 파생물은 그때까지 역사적으로 축적된 문화적 중층결정의 결과다. 심지어 증상의 1차적 고통과 자살 충동마저 시대와 사회에 따라 다른 방식으로 지각되고 관찰된다는 점에서 어느 정도 이 중층결정의 영향력하에 있다.

중요한 것은 최초의 흑담액이 이미 상상의 물질이고, 여러 경험이 "압축"된 "이미지"였다는 사실이다. 스타로뱅스키는 이 이미지의 힘을 인정할 것을 요구한다. 흑담액 이미지는 개인과 개인의 근심이라는 인간학적 진실을 지시하기에 충분히 보편적이며, 이러한 진실에 대한 유효한 "현상학적" 탐구로 간주될 정도로 충분히 타당하다. 홀로 있을 수밖에 없으면서 그러한 존재 방식의 모든 고통을 떠안은 멜랑콜리의 인간을 검고 질척이며 부식시키는 액체에 잠긴 것처럼 보는 것은 여전히 우리의 지각과 언어, 사유 방식을 지배하고 있다. 이 보편성과 타당성으로 인해 멜랑콜리는 인간에 대한 유럽적 사유를 이루는 주요 전통이 되었고, 흑담액 이미지에 기초하여 구상된 의학적 처치들은 어느 정도 유용성을 갖게 된다.

이미지로서 흑담액의 가치를 언급하면서 스타로뱅스키는 멜랑콜리와 그 의학사에 대한 일반 이론으로 나아간다. 흑담액은 포착되거나 이해되지 못하는 대상, 즉 "고독"일 뿐이기에 정의상 아무 내용 없는 대상을 가리키는 최선의 "이미지", 다시 말해 "은유"다. 그런데 신체적이고 자연적인 측면에 고착된 의학적 사유에서 그것은 "자신이 은유라는 것을 모르는 은유", 물질로 오인된 이미지다. 멜랑콜리는 은유로만 표상되고 대상화되는 어떤 것이며, 그럼에도 불구하고 은유가 아니라는 듯이 작용하는 한에서 분석되고 치료되는 증상이다. 멜랑콜리 치료는 이렇게 은폐되고 실체화된 은유에 대한 인간적 대응이며, 그런 한에서 자신의 행위가 본질적으로 수사학적이고 시적이라는 사실을 알지 못한다.

따라서 멜랑콜리 이론과 치료의 역사는 은유에 대한 이론으로서 문학 혹은 은유 진화의 역사학으로서 문학사와 내재적으로 결합한다. 의학과 문학, 의학사와 문학사의 관계는 단순하지 않다. 의학이 은유 은폐의 이론이고 의학사가 은유 은폐의 욕망, 기술, 효과의 역사라면, 이것들과 문학, 문학사 사이 연관은 역설적이다. 어떤 의미에서 멜랑콜리의 의학과 의학사는 문학과 문학사를 은폐함으로써 성립한다.《멜랑콜리 치료의 역사》는 바로 이 본질적 연관을 실현한다. 이 연구는 오인된 문학사이고, 그렇기에 진정한 의학사다. 평이하고 깔끔한 형태가 은유 은폐의 정밀한 이론을 다 담지 못해도, 책에는 단서, 통찰, 결론이 넉넉히 흩어져 있다. 이제 우리는 문학 연구를 선택한 행위가 의학적 실천의 포기일지언정 의학적 사유의 포기는 아니었다는 스타로뱅스키의 자기 규정을 조금 더 이해할 수 있다. 간결한 의학사 서술 속에 숨어 있는 문학이 벌써 관념사의 이념을 발산하고 있다.

마지막으로 스타로뱅스키와《멜랑콜리 치료의 역사》가 전제하는 유럽적 휴머니즘을 말하고 싶다. 이 단어를 "인본주의"나 "인문주의"로 옮기든, 혹은 "인간주의"라고 지칭하든 중요하지 않다. 멜랑콜리를 인간의 유한성에 대한 자각으로 정의하고, 초월적 저주가 아니라 병의 형태로 현상하는 그러한 본질에 언어와 문화적 상징으로 대응하는 인간적 노력을 맞세운다는 점에서,《멜랑콜리 치료의 역사》는 르네상스기 멜랑콜리의 인간학인《토성과 멜랑콜리》와 이념을 공유한다. 스타로뱅스키의 문학 연구에서 이 이념은 문체와 이미지에 대한 경이로운 천착을 통해 작가의 불가해한 의식에 다가가는 방법으로 실현될 것이다.

포스트휴머니즘 시대에 "휴머니스트"라는 수식어가 유발할 인상이 두려워도, 나는 스타로뱅스키를 위대한 휴머니스트 계보에 넣는 것이 정당하다고 믿는다. 그가 의학적 멜랑콜리 시대의 종말을 자신의 의학사적 위치로 확인했음을 기억하자. "멜랑콜리"에서 "우울증"으로의 전환은 은폐된 은유의 작동 불능을 신고한다. 현대인은 멜랑콜리가 은유라는 사실을 여실히 알고 있으며, 아무도 그 사실을 받아들이지 못한다. 멜랑콜리와 함께 유럽 휴머니즘의 주요 흐름 하나가 소멸한다. 직접 호소하지 않고도 스타로뱅스키는 2차 세계 대전 이후 휴머니즘의 운명을 염려하는 것 같다. 그는 결코 복고주의자가 아니기에, 한계에 맞닥뜨리는 휴머니즘의 모든 약점과 미처 생각되지 못한 섬세함을 우아하게 깨닫도록 돕는다. 그 공적으로 "반인간주의" 대표자들의 존경을 획득할 것이다.

공정하기 위해《멜랑콜리 치료의 역사》와 동시대에 출판된 책을 한 권 더 소개하겠다. 마르티니크 출신으로 프랑스에서 정신과 의사가 된 프란츠 파농Frantz Fanon(1925-1961)은 27세에《검은 피부, 하얀 가면*Peau noire, masques blancs*》(1952)을 쓴다. 조만간 알제리 독립전쟁에 투신할 이 흑인 의사는 개인적 경험, 연구와 임상을 통해 당시 유럽과 피식민지들의 정신이상 증상이 식민주의 비판에 의해서만 해명될 수 있음을 발견한다. 그 또한 유럽의 철학과 문학을 의학적 사유에 필수적인 요소로 간주하지만, 스타로뱅스키와 대조적으로 비판과 전복의 치열한 독서를 적용한다. 그는 유럽 휴머니즘의 위선과 모순을 적나라하게 고발할 참이기 때문이다. 그에게 인간의 난해한 본질과 그 은유적 현상을 불가능하게 만든 것은 바로 유럽 인간학의 특정한 진화다. 식민주의는 인간의 본질을 그의 표면에 고정시키고, 흑인의 검은 살은 어떤 은유도 될 수 없는 멜랑콜리 그 자체가 된다. 유럽 문화를 사랑하고 유럽인이라는 행복을 누리는 스타로뱅스키와 유럽인 살해를 흑인의 멜랑콜리 치료와 보편적 인간 해방의 방법으로 제시하게 될 파농은 극단적으로 대립하는 것 같다. 꼭 그렇지는 않다.

36세에 병원에서 요절한 파농과 달리, 2012년 서문을 마치는 92세 노학자는《멜랑콜리 치료의 역사》가 "즐거운 지식gai savoir"이기를 희망한다. 이것은 모든 즐거움이 삭제된 상태에 대한 가장 휴머니즘적인 선언이다. 앎이 멜랑콜리 특효제라는 것이니까. 이로써 스타로뱅스키는 의학사 연구에서 겨우 두세 번 인급할 수 있었던 유럽 멜랑콜리 전통의 중요한 요소, 즉 지성적이고 창조적인 힘으로서의 멜랑콜리를 끝내 내버려두지 않는다. 그런데 목적 없이 삶을 정지시키는 미지의 고통에 대해 이해와 치료의 방황을 추적하는 앎이 어떻게 즐거울 수 있을까? 나를 넘어서는 힘과 에너지로 충만하지 않고 어둡고 텅 빈 불모의 내면에 어떤 사유와 영감이 깃들 수 있을까?

진지한 답은 스타로뱅스키의 이후 연구들에서 구해야 할 것이다.《멜랑콜리 치료의 역사》에 대해 말하자면 확실히 이 책은 고통과 행복의 장엄한 공존을 묘사하는《토성과 멜랑콜리》보다 더 인간적이다. 실제로 가볍고 즐거운 독서이기 때문이다. 중세 의사 아프리카인 콘스탄티누스의 멜랑콜리 치료제 제조법에서 아페리티프 레시피를 발견하고, 괴상한 예술혼과 정신이상자들에 대한 지배욕을 "사이코드라마"로 실현하는 사드와 그에게 당황하는 사회를 구경하고, 19세기 프랑스 의사 뢰레가 그저 고통을 모면하려는 환자의 절박한 연기를 자신의 "샤워"요법의 근거로 삼는 것을 지켜보면 즐겁지 않을 수 없다. 《멜랑콜리 치료의 역사》는 이렇게 은폐되고 오인된 은유 곁에서 우왕좌왕하고 좌충우돌하는 인간들의 진실하지만 우스꽝스러운 삶에 무한히 호의적이고 섬세한 시선을 보낸다. 스타로뱅스키가 "멜랑콜리의 역사"가 아니라 "멜랑콜리 치료의 역사"를 쓴 것은 단지 학술적인 선택이 아니다. 신비로운 본질보다 더 중요한 것은 인간의 운명인 작은 우연들, 작은 노력들이다.

그런데 왜 나는 스타로뱅스키에게 배운 대로 개념보다 개념의 운동과 뉘앙스를 작동시키는 문체를 살펴보지 않고 "즐거운 지식"에만 관심을 가졌을까? 2012년 서문의 마지막 문장은《멜랑콜리 치료의 역사》를 "즐거운 지식"으로 규정하는 행위와 동료 연구자 모리스 올랑데의 "우정"에 감사를 표하는 행위를 하나의 문체로 결합한다. 이 연구가 "즐거운 지식"이 될 수 있었다면, 그것은 어떤 "우정 어린 작업 덕분grâce à"이다. 당연한 진실이다. 누군가와 함께했음을 확인하고 증언하는 것, 그것이 우리에게 가능한 최선의 "은총grâce"임을 인정하는 것 외에 고독의 본질을 희석하고 달래는 다른 방법이 있을 수 없다. "즐거운 지식"은 학문의 휴머니즘 이전에 인간의 휴머니즘이다.

나의 차례다. 의학사와 철학사의 비전문가이고 그리스어, 라틴어, 독일어에 무지한 나는 이 책의 번역자로서 자격을 갖추고 있지 않다. 그럼에도 불구하고 많은 동료와 친구의 도움으로 즐겁게 읽고 옮길 수 있었다. 언어 능력을 빌려준 이경진, 이지선에게 고맙고, 언어는 물론이고 오랜 시간 축적한 의학사, 철학사, 예술사 지식을 기꺼이 제공한 박요한, 이무영, 이충훈, 전재원에게 고맙다. 읻다 출판사의 김현우 대표와 최은지, 김보미 편집자를 어서 만나 인사하고 싶다. 나는 프랑스 리옹에서 2022년 5월부터 7월까지 번역 초고를 작성했고, 지금도 이곳에서 교정과 편집에 참여하고 있다. 모든 조력과 대화가 멀리서 왔지만 아주 생생했다. 혼자 있을 틈이 없었다.

2023년 2월 7일

김영욱

찾아보기

ㅁ

ㅂ

ㅅ

ㅇ

ㅈ

ㅊ

ㅋ

ㅌ

ㅍ

ㅎ